上海大学出版社

2005年上海大学博士学位论文 37

轴向运动弦线横向振动的数值方法和动力学分析

● 作 者： 赵 维 加

● 专 业： 一 般 力 学 与 力 学 基 础

● 导 师： 陈 立 群

A Dissertation Submitted to
Shanghai University for the Degree
of Doctor in Engineering (2005)

Numerical Methods and Dynamical Analysis of the Transverse Vibrations of Axially Moving Strings

D. D. Candidate: Zhao Weijia
Supervisor: Chen Liqun
Major: General Mechanics and Mechanical foundation

Shanghai University Press
· Shang hai ·

摘　要

轴向运动弦线是一种重要的工程元件，也是力学理论的研究中的重要模型。其横向振动的研究有重要的理论意义和明确的工程背景。本文的主要目的是发展和改进基于轴向运动弦线的动力学模型的数值方法，利用计算机模拟方法研究运动弦线的横向非线性振动。

论文在第一章简要介绍近50年来轴向运动弦线的横向振动的有关研究的进展，包括非线性轴向运动弦线的动力学模型的建立、轴向运动弦线的能量分析和守恒量的研究、轴向运动弦线横向振动的分析方法和轴向运动弦线系统的参数振动分析等内容。

第二章对轴向运动弦线的动力学模型和守恒量进行了研究，首先利用分数导数描述黏弹性弦线的本构关系，建立了相关的运动弦线的动力学模型。并利用卷积符号给出含有积分项的不同模型如积分本构模型和分数导数本构模型的统一表示。分析了黏弹性本构弦线系统的三种重要模型：微分本构模型、积分本构模型和分数导数本构模型的形式的相似和内在的区别。这一章还针对轴向运动弹性弦线模型和弹性梁模型导出并研究了弹性弦线和弹性梁轴向运动过程中的运动守恒量，利用导出的守恒量证明了当弹性弦线或弹性梁的轴向运动速度低于临界速度时，其横向振动关于初值稳定。

第三章对基于非线性轴向运动弦线横向振动模型的Galerkin方法的算法设计和精度分析进行研究。Galerkin方法是广泛应用的数值方法之一，但利用 Galerkin 方法对轴向运动弦线系统模型的状态变量作数值离散得到的常微分方程组含有大量的以积分形式出现的非线性项，成为计算的很大障碍。本文对利用 Galerkin 方法离散得到的常微分方程组的非线性项的系数进行了分析。考虑到方程组的系数虽然不是稀疏的，但有大量的零和重复项，文中采用下标重排的方法消去值为零的项，合并重复项，大大减少了计算量，并利用简单的数值程序生成了离散方程组的系数矩阵和系数张量，为利用 Galerkin 方法分析轴向运动弦线的非线性振动提供了方便。这一章还利用第二章导出的守恒量给出了分析 Galerkin 方法数值计算精度的一种方法，利用这种方法给出了不同截断阶的 Galerkin 方法的精度比较，非线性项的增大对截断误差的影响，以及轴向运动速度超过临界速度时 Galerkin 方法的精度分析。

第四章利用数值方法研究黏弹性轴向运动弦线微分本构模型的参数振动。这一章首先基于微分本构模型建立了两种相应的数值方法：第一种是半离散的差分方法；方法的特点是对动力学方程和微分本构方程分别离散，因此可以用于不同微分本构模型，且适用于非线性项较大的情况，但计算量较大。第二种是适用于标准本构模型直接差分法；利用标准本构模型的特殊结构，通过对动力学控制方程和微分本构方程在不同的分数节点上作中心差分离散，形成了两组可以交替迭代的线性差分方程组，这样就把非线性问题离散为交替迭代的线性问题，大大减少了计算量，而且方法保持了截断误差为二阶和对较小的非线性项的好的稳定性。利用上述算法对不同模型的适应性，这一章研究了不同微分本构模型的参数振动，并对不同本构关系的动力学模型进行了比较和分析。

第五章利用数值方法研究积分本构黏弹性轴向运动弦线的横向振动。基于计算稳定性和计算精度的考虑,采用有限元方法对空间变量进行离散。由于离散得到含有大量积分区间为$[0, t]$的积分项的大型常微分/积分方程组,利用目前普遍采用的算法,随着时间t的增大,每一时间步的数值计算工作量显著增加且计算精度下降,因此积分项的数值求解成为计算的关键问题之一。在这一章中,针对积分本构模型的特点,建立了两个时间步之间所有的积分项组成的张量之间的递推计算公式,在计算过程中利用简单的代数迭代运算代替了数值积分公式计算积分项组成的张量,使得计算量大大减少且计算精度明显提高。这一章以三参数黏弹性弦线模型为例,利用上述数值方法得到的数值解分析了积分本构黏弹性轴向运动弦线的参数振动,包括瞬态振动和稳态振动。研究了不同参数的变化对系统振动的影响,以及当轴向运动速度超过临界速度时系统的稳定性等。

第六章研究分数导数本构黏弹性轴向运动弦线的横向振动。由于分数导数本构模型中的积分算子是广义积分,不能直接利用递推关系简化运算。本文利用分离奇点,对积分核作线性最小二乘逼近等方法,把模型化成可以递推的结构,建立了相应的递推方法。利用递推的方法,研究了分数导数本构黏弹性轴向运动弦线的参数振动,分析了速度、张力和材料参数的变化对系统振动的影响。

关键词: 轴向运动弦线,黏弹性,非线性,偏微分/积分方程,数值方法,振动分析

Abstract

An Axially moving string is an important mechanical model both in engineering design and in the study of mechanics. The main purpose of this dissertation is to develop numerical algorithms based on the dynamical models of a moving viscoelestic string; and analyze transverse nonlinear vibrations through computer simulations. The main approach adopted in this dissertation is numerical analysis.

In the first chapter, a brief review of the recent progresses is surveyed on the relative topics including the dynamical models of an axially moving string and the conservative quantities and energy formulations, the numerical methods for simulating the transverse vibrations of an axially moving string, and the nonlinear vibration analysis of moving strings.

In chapter two, dynamical models of an axially moving string and their conservative quantities are investigated. Fractional derivatives and fractional integrals are employed to describe the constitutive law of a viscoelastic axially moving string, and dynamical models obeying the constitutive law are deduced. By means of convulsion product, the integral constitutive model and the fractional differential constitutive model for axially moving viscoelastice strings are described in a united way. Conservative quantities of axially moving elastic strings and beams are also found in this chapter. Several conservative quantities with their applications both in theory and in numerical computation are presented.

In chapter three, the Galerkin's method for transverse vibrations of axially moving strings is analyzed. Although Galerkin's method is one of the most useful approaches in the numerical studies, the discretization of the state variable leads to a large nonlinear differential equation system, and the great number of nonlinear terms of which causes a heavy computational burden. Since there are similar terms and zero-coefficient terms in the equations, efficient algorithms are designed to regroup the like terms and omit the zero-coefficient terms, which makes the resulting Galerkin's truncated equations much simpler. Computer algorithms are provided to generate the coefficients of the truncated equations and numerical examples of high order Galerkin's method are given. Based on the conservative quantities derived in chapter two, a method for estimating the numerical errors of the Galerkin's method is given, and the error of the Galerkin's method is analyzed.

In chapter four, the nonlinear transverse vibrations of axially moving viscoelastic strings obeying the differential constitutive laws are studied. Two finite difference methods are proposed to numerically simulate the model. One is a simi-discrete method, which can be used to deal with different linear constitutive models such as the standard model and the Maxwell-Kelvin Model. The other, an alternating difference method for the standard model, descreticizes the governing equation and the differential constitutive equation at different fractional nodes, so the nonlinear partial differential equation system is approximated by two linear finite difference operators alternatively used in numerical computation. The method is not only simple in computation, but also stable and precise. The parametric vibrations of an axially moving string are studied via the algorithms.

In chapter five, we study the nonlinear transverse vibrations of an axially moving viscoelastic string obeying the integral constitutive law. Using finite element method or Galerkin's method to the state variables of the model leads to a large differential/integral equation system, which result in a heavy task of computation while time t is large. To reduce the amount of the computation, an iterative process of the integral terms is designed, by which the integral terms are computed in a simple iterative process instead of a large number of numerical integrations at each time step. The new method not only greatly reduces the amount of computation, but also increases the precision. Using the numerical approach, the parametric vibrations of the axially moving string with integral constitutive model are analyzed, including transient vibration and long time vibration, the effects of the axially velocity and the tension on moving strings, and the stability of the vibration when the axial speed of a string reaches or exceeds the critical speed.

In chapter six, we study the nonlinear transverse

vibrations of an axially moving viscoelastic string constituted by the fractional differential constitutive law. Since the integrals in the fractional differential constitutive model are improper integrals, the iterative technique in chapter five can not be directly used to solve them. By separating the singular point from the main integral and approximating the kernel of the integral operator by exponential functions, the integrals are transformed into a new form that can be iteratively computed, and an iterative method is presented to simplify the computation. By using the iterative technique, the parametric vibration of an axially moving string constituted by the fractional differential constitutive law is studied.

Key words: axially moving string, viscoelasticity, nonlinearity, partial differential/integral equation, numerical algorithms, vibration analysis

目　录

第一章 绪 论

1.1 基本问题和研究意义

轴向运动弦线可以由许多工程元件抽象而来。如汽车马达的蛇型传送带、线切割机床的放电镍丝、磁带、运动纺织纤维、带锯、悬挂缆车的运动钢索等，忽略弯曲应力，都可以简化为轴向运动弦线研究。作为一种常见的工程元件，轴向运动弦线的横向振动的研究有许多重要的应用背景。

例 1.1 汽车马达蛇型传送带的横向振动问题[1][2][3]。

汽车马达蛇型传送带见图 1.1。蛇型传送带在马达驱动下沿轴向高速运动。传送带在运动过程中产生的横向振动可以导致设备的加速磨损、振动和噪声的增大，因此是改进设计的重要技术指标。当前在汽车制造中广泛采用的蛇型传送带通常用合成橡胶等组成的复合材料制造，这些黏弹性材料不但力学性能好，还可以减少振动带来的负面影响特别是高速运动中的振动影响。由于工程的需要，目前对传送带的横向振动的研究的重点正在转向黏弹性材料的新型传送带的振动的研

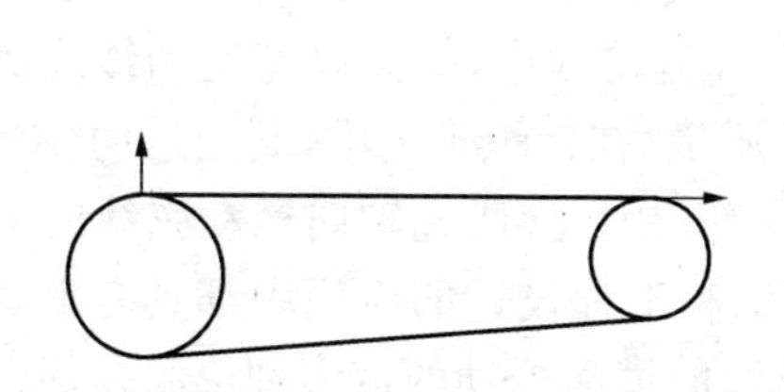

图 1.1a 马达蛇型传送带

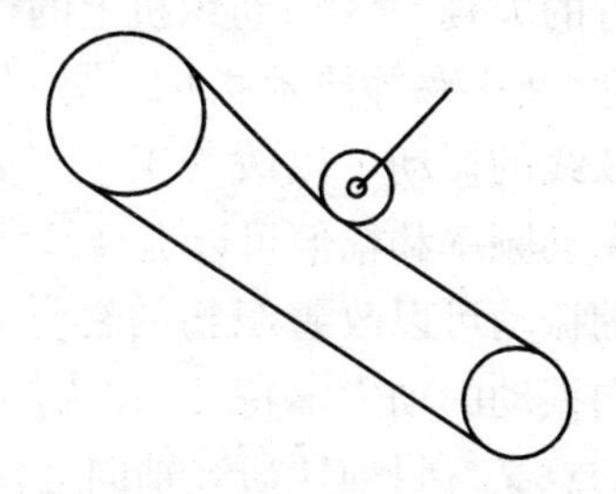

图 1.1b 带张紧轮的马达蛇型传送带

究、轴向运动弦线高速运动产生的非线性现象和不稳定性的研究等。

例 1.2 电火花线切割机床放电镍丝的横向振动问题。

电火花线切割机床的放电镍丝的工作原理如图 1.2 所示。图中是一个装有冷却油的有机玻璃槽，放电镍丝在马达驱动下沿轴向运动，通过镍丝的火花放电对高硬度工件进行切割加工。镍丝的一部分浸在冷却油中。在加工过程中，镍丝横向振动的大小影响切割面的光洁度和切割精度，是提高机床加工精度的一个重要因素。

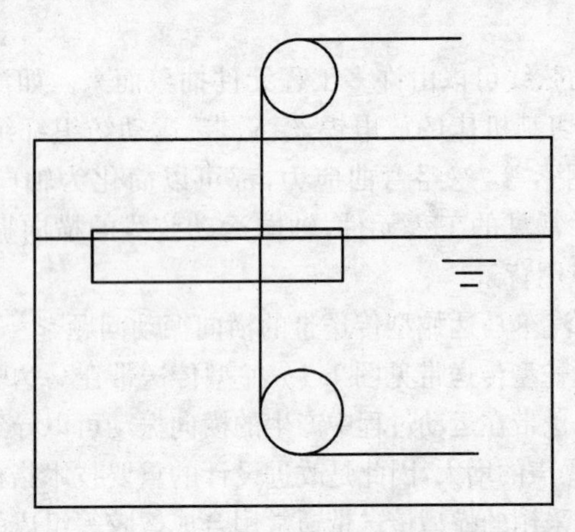

图 1.2 电火花线切割机床放电镍丝工作示意图

还有许多其他的例子。一方面，弦线运动中振动的增强在许多工程问题中有不良的影响，如磁带的横向振动使得声音调制，导致声音的失真[4][5][6]；纺织机上的运动纺织纤维的振动影响到纤维的均匀性、断头率等技术指标。另一方面，在许多情况下，合理地利用运动弦线的振动可以改善工艺。如在气流纺纱中，提高高速运动纱线的振动频率和幅值可以提高纱线的质量；在针织工艺中，利用运动纱线的振动可以改善织物的视觉效果等。因此，研究轴向运动弦线的横向振动的动力学特性，在力学理论和工程设计的应用中都具有重要的意义。目前所研究轴向运动弦线的横向振动的许多理论问题都带有很强的工程背景，如超临界速度下的弦线振动的稳定性，黏弹性材料的应用对改善运动弦线的稳定性的作用等问题。

轴向运动弦线系统是没有抗弯刚度的一维连续介质的运动系统，且平衡位置是直线。许多细长的工程元件像带状物、电缆、链、弦和绳等，当弯曲应力很小时，都可以模型化为弦线进行分析。作为单向高速运动的柔性连续介质，运动弦线系统有独特的力学性能，其力学模型、振动理论和动力学性质的研究无法由其他的模型和理论取代。因此，运动弦线系统的振动理论和动力学性质的研究是力学理论的重要分支。

1.2 目前的研究进展

关于轴向运动弦线的横向振动，目前已有许多综述文章，涉及运动弦线的振动分析、控制等多方面内容。如 Mote(1972)[7]，Ulsoy，Mote 和 Szymani(1978)[8]，Wickert 和 Mote(1988)[9]，Wang 和 Liu (1991)[10]，Abrate(1992)[11]，陈立群和 Zu(2001)[12]，Chen(2004)[13] 等的综述文章。本章只对本论文的研究工作所涉及的内容，对有关研究进展进行简要的回顾和总结。

1.2.1 轴向运动弦线横向振动的动力学模型

对轴向运动弦线横向振动的研究可以追溯到一百多年以前 Aitkin(1878)[14] 和 Skutch(1897)[15] 等人的工作。早期的研究主要针对线性模型，分析方法也主要限于古典解析的方法。Mote(1966)[16] 首先研究了轴向运动弦线的非线性振动。他在轴向位移的偏导数很小的假设下建立了弹性弦线横向振动的非线性模型

$$\rho \frac{\partial^2 U}{\partial T^2} + 2\rho c \frac{\partial^2 U}{\partial T \partial X} + (\rho c^2 - P) \frac{\partial^2 U}{\partial X^2} = AE \frac{\partial^2 U}{\partial X^2} \left(\frac{\partial U}{\partial X} \right)^2 \tag{1.1}$$

其中 ρ, A, c, P 分别是弦线的密度、横截面积、轴向速度和初始张力，E 是弦线的轴向弹性模量，U 是横向位移。利用这一模型，Mote 等研究

了弦线的非线性性质,解释了一些不能用线性模型解释的实验和理论结果。此后的许多年中,在不同的假设下,人们建立并研究了各种不同的非线性模型,以满足不同实际背景的需要。例如,去掉轴向位移的偏导数很小这一假设,则得到较复杂的 Thurman 和 Mote (1969)[17]的模型

$$\rho\left(\frac{\partial^2 U}{\partial T^2}+2c\frac{\partial^2 U}{\partial T\partial X}+c^2\frac{\partial^2 U}{\partial X^2}\right)=AE\frac{\partial^2 U}{\partial X^2}+(P-EA)\frac{\partial}{\partial X}\frac{1+\frac{\partial U}{\partial X}}{\sqrt{\left(1+\frac{\partial U}{\partial X}\right)^2+\left(\frac{\partial W}{\partial X}\right)^2}} \tag{1.2}$$

$$\rho\left(\frac{\partial^2 W}{\partial T^2}+2c\frac{\partial^2 W}{\partial T\partial X}+c^2\frac{\partial^2 W}{\partial X^2}\right)=AE\frac{\partial^2 W}{\partial X^2}+(P-EA)\frac{\partial}{\partial X}\frac{1+\frac{\partial W}{\partial X}}{\sqrt{\left(1+\frac{\partial U}{\partial X}\right)^2+\left(\frac{\partial W}{\partial X}\right)^2}} \tag{1.3}$$

与模型(1.1)不同的是,Thurman 和 Mote 的模型中考虑了轴向位移 W 和位移变量的高阶项的影响。Ames, Lee 和 Zaiser(1968)[18]则利用轴向动量守恒,力的平衡条件和连续性条件得到下面的模型

$$m(P+V)=BN \tag{1.4}$$

$$\frac{\partial^2 U}{\partial T^2}+2c\frac{\partial^2 U}{\partial T\partial X}+c^2\frac{\partial^2 U}{\partial X^2}=\frac{P\frac{\partial^2 U}{\partial X^2}}{m\left[1+\left(\frac{\partial U}{\partial X}\right)^2\right]} \tag{1.5}$$

$$\frac{\partial V}{\partial T}+c\frac{\partial V}{\partial X}=\frac{1}{m\sqrt{1+\left(\frac{\partial U}{\partial X}\right)^2}}\frac{\partial}{\partial X}\frac{P}{\sqrt{1+\left(\frac{\partial U}{\partial X}\right)^2}} \tag{1.6}$$

$$\frac{\partial}{\partial T}\frac{m}{\sqrt{1+\left(\frac{\partial U}{\partial X}\right)^2}}+\frac{\partial}{\partial X}\frac{mV}{\sqrt{1+\left(\frac{\partial U}{\partial X}\right)^2}}=0 \tag{1.7}$$

并利用上述模型研究了运动弦线的振动问题[19][20]。

上面各种模型都建立在弹性本构关系

$$\sigma=E\varepsilon \tag{1.8}$$

的假设下。为了向一般本构关系的推广，许多作者如 Wicket 和 Mote[9][21-23]，Zu 等[24-28]，Chen 等[5][29-32]采用了比模型(1.1)更一般的形式

$$\rho\left(\frac{\partial^2 U}{\partial T^2}+2c(T)\frac{\partial^2 U}{\partial T\partial X}+\dot{c}(T)\frac{\partial U}{\partial X}+c^2(T)\frac{\partial^2 U}{\partial X^2}\right)$$

$$=P\frac{\partial^2 U}{\partial X^2}+\frac{\partial}{\partial X}\left(A\sigma\frac{\partial U}{\partial X}\right) \tag{1.9}$$

来描述运动弦线。模型(1.9)中考虑了弦线轴向速度变化的情况，而且没有给出轴向应力 σ 的具体表示形式。这样，一方面可以利用这一模型分析速度变化对振动的影响，另一方面可以通过对材料的本构关系作不同的假设，得到各种不同的运动弦线的横向振动模型，如各种线性黏弹性材料的运动弦线的横向振动模型等。

由于高速动力传送带、磁带和运动纺织纤维等重要的工程元件都是黏弹性材料制成，因此这些弦线系统的研究需要处理黏弹性运动弦线的建模和动力学分析等问题。近年来新材料在汽车马达的蛇型传送带和纺织材料等工业产品中的应用也促进了有关的研究。作为一个较新的研究方向，目前黏弹性运动弦线横向振动的研究主要针对两种数学模型，一种是 Zu 、Zhang 和 Hou 等[33][34][35][36][37]，Chen，Zu 和 Wu 等[5][31]研究的黏弹性弦线的微分本构模型。这种模型的本构关系可以用下面微分算子方程描述

$$P^*\sigma=Q^*\varepsilon \tag{1.10}$$

其中

$$P^* = \sum_{i=0}^{k} a_i \frac{\partial^i}{\partial t^i}, \quad Q^* = \sum_{i=0}^{k} b_i \frac{\partial^i}{\partial t^i} \tag{1.11}$$

如黏弹性的标准线性固体模型可以利用上述微分算子表述。其中

$$P^* = 1 + \frac{\eta}{E_1 + E_2} \frac{\partial}{\partial T}, \quad Q^* = \frac{E_1}{E_1 + E_2}\left(E_2 + \eta \frac{\partial}{\partial T}\right) \tag{1.12}$$

另一种是黏弹性弦线的积分本构模型。Fung，Huang 和 Chen (1997)[38]首先研究了这种运动弦线的动力学模型的建立和非线性振动分析问题。他们在(1.9)式中采用了 Boltzmann 迭加原理描述应力应变关系

$$\sigma = E_0 \varepsilon + \int_0^T \dot{E}(T - T')\varepsilon(X, T')\mathrm{d}T' \tag{1.13}$$

建立了相应的动力学模型，并对张力松弛函数 $E(T)$ 是指数函数的情况给出了弦线模型的瞬态振动分析。Zhang 和 Zu(2002)[35]，Chen, Zu 和 Wu (2003)[5]等也分别基于这一模型对黏弹性轴向运动弦线的横向参数振动问题作了深入的研究。

对于轴向运动弦线的各种不同的振动模型，Chen (2003)[30]给出了统一的表述。他将连续介质的 Euler 运动方程用于轴向运动弦线，建立了轴向运动弦线的一般形式的动力学模型

$$\begin{aligned} \rho A a_{TT} &= (P_{TT})_X + f_{TT}(X, T) \\ \rho A a_U &= (P_U)_X + f_U(X, T) \end{aligned} \tag{1.14}$$

其中 a_{TT} 和 a_U 是弦线上一个微元素对应于空间中一个固定点加速度的纵向向和横向分量；P_{TT} 和 P_U 是弦线内张力的纵向和横向分量；$f_V(X, T)$ 和 $f_U(X, T)$ 是弦线所受外力的纵向和横向分量。

如果把弦线运动作为平面运动研究，并将弦线元素的横向位移分量记为U，轴向速度和纵向位移分别记为 $c(T)$ 和 V，弦线的摄动张

力为 $\sigma(X, T)$，则一个弦线元素的位移关于弦线弧长的微分为

$$\sqrt{(1+V_X)^2+U_X^2}\mathrm{d}s \tag{1.15}$$

因此，可以得到轴向和横向的张力分量，从而把方程(1.14)转化为

$$\rho A[V_{TT}+\dot{c}(1+V_X)+2cV_{XX}+c^2V_{XX}]-\frac{\partial}{\partial X}\left[\frac{(P+A\sigma)(1+V_X)}{\sqrt{(1+V_X)^2+U_X^2}}\right]=f_V \tag{1.16}$$

$$\rho A[U_{TT}+\dot{c}U_X2cU_{XT}+c^2U_{XX}]-\frac{\partial}{\partial X}\left[\frac{(P+A\sigma)U_X}{\sqrt{(1+V_X)^2+U_X^2}}\right]=f_U \tag{1.17}$$

当弦线系统满足弦线物质本构关系

$$C[\sigma, \varepsilon]=0 \tag{1.18}$$

时，它是闭环系统。这里 ε 由下面的应变-位移关系给出

$$\varepsilon=\sqrt{(1+V_X)^2+U_X^2}-1 \tag{1.19}$$

方程(1.16)-(1.19)给出了轴向加速度弦线平面横向振动的控制方程。

对于有限范围小伸展的弦线，只需要考虑低阶项，从而在方程(1.16)-(1.17)中舍去高阶项得到

$$\begin{aligned}&\rho A[V_{TT}+\dot{c}(1+V_X)+2cV_{XX}+c^2V_{XX}]-\\&[(P+A\sigma)(1-U_X^2/2)]_X=f_V\end{aligned} \tag{1.20}$$

$$\begin{aligned}&\rho A[U_{TT}+\dot{c}U_X2cU_{XT}+c^2U_{XX}]-\\&\frac{\partial}{\partial X}[(P+A\sigma)U_X(1-V_X)]_X=f_U\end{aligned} \tag{1.21}$$

方程(1.19)也简化为

$$\varepsilon = V_X + (V_X^2 + U_X^2)/2 \tag{1.22}$$

方程(1.18)和(1.20)-(1.22)构成平面小振幅轴向加速度弦线的控制方程。

尽管运动弦线的振动通常既有横向振动分量,又有纵向振动分量,许多研究者为了简化问题,在研究中只考虑横向振动。在方程(1.20)和(1.21)中令 $V=0$,则得到轴向运动弦线的横向振动方程

$$\rho A[U_{TT} + \dot{c}U_X + 2cU_{XT} + c^2 U_{XX}] - PU_{XX} - (A\sigma U_X)_X = f_U \tag{1.23}$$

应变-位移关系也相应化为

$$\varepsilon = \frac{U_X^2}{2} \tag{1.24}$$

上述模型概括了前面的多个模型。除此之外,运动弦线模型的研究还有其他不同的形式和内容。例如,许多作者考虑了复杂约束问题,如附加弹性支承的运动弦线模型[39][40],由干摩擦产生的简谐力边界条件[41],在液体薄层中弦线的振动模型[42],带张紧轮的弦线的振动模型[43][44]等。外部激励的影响、周期性边界条件等也有许多研究。但 Chen 的综合模型描述的几种弦线模型是目前研究的弦线模型的主要形式。

1.2.2 轴向运动弦线系统的横向振动的研究方法

由于弹性和黏弹性运动弦线的横向振动模型是非线性的偏微分方程或偏微分/积分方程组,解析解一般无法求得,分析线性模型十分有效的解析方法如 Li 群的方法,Green 函数法等不能使用,特征函数法等的应用也受到很大的限制。因此,采用数值分析的方法或半数值的方法是目前主要的研究手段。研究方法主要归结为以下几种。

(1) Galerkin 方法

尽管从纯数值计算的角度分析,现代数值分析的手段如有限元

方法等已逐步取代了经典 Galerkin 方法,但由于有限元方法的基函数不像三角函数、特征函数等那样,能够反映振动的动力学特性,因此 Galerkin 方法在动力学系统的振动分析中的应用是有限元素法等数值方法所无法取代的,目前 Galerkin 方法仍然是研究轴向运动弦线横向振动的主要方法之一。针对轴向运动弦线系统的 Galerkin 方法主要有基于三角函数系的 Galerkin 截断方法和基于行波函数系的 Galerkin 截断方法两类。并形成了针对轴向运动的一维连续介质数值分析的较完整的方法体系。半个世纪以来,许多作者利用 Galerkin 方法在轴向运动弦线的振动研究中得到许多有价值的结果。如 Naguleswaran 和 Williams (1968)[45] 利用 4 阶 Galerkin 截断对线性轴向运动弦线模型进行了参数振动分析,发现当张力的波动频率是横向振动自然频率的 2 倍时弦线的振动最不稳定;Fung, Huang 和 Chen(1997)[38] 利用基于三角函数系的 4 阶 Galerkin 方法研究了积分本构黏弹性轴向运动弦线的瞬态振动问题,分析了积分本构黏弹性轴向运动弦线的振动特性;Chen 和 Yao(1998)则利用固定弦线模型的特征函数系的 2 阶 Galerkin 截断研究了轴向加速度黏弹性弦线的标准线性固体模型,并利用得到的数值结果分析了弦线的轴向运动速度参数和黏弹性材料参数对振动频率的影响,以及参数响应的不稳定性问题;Zhang, Zu 和 Zhong(2002)[35] 利用 Galerkin 方法分析了 Fung, Huang 和 Chen(1997)研究的同一模型,但采用的是基于行波函数系的一阶 Galerkin 截断。由于得到的常微分/积分方程组比较复杂,他们采用了 Linz(1985)的 Block-by-Block 隐式 Runge-Kutta 方法对离散后的常微分方程组求解,较好地处理了微分积分方程组的求解问题。利用 Galerkin 方法分析轴向运动弦线的横向振动还有大量的文献,可参见 Wicket 和 Mote[9] 或 Chen[13] 的有关综述文章。

由于三角函数和行波函数都不具有局部支集,利用基于这些函数系的 m 阶 Galerkin 方法对状态变量离散,得到的常微分方程组的线性部分的系数矩阵不是稀疏的,非线性项的结构也比较复杂,其系数目前一般需要利用手工、符号运算或数值的方法生成。比较而言，利用三角函数系对空间变量离散，离散后形成的常微分方程组的非线性项有较好的对称性，系数可以解析地计算出来并有很多的零，可以利用对称性和系数张量较稀疏的特点简化模型，容易采用较高阶的 Galerkin 截断进行数值分析，因此目前这一方法的应用较为普遍。行波函数系是轴向运动弦线动力学模型的线性部分形成的线性陀螺系统的特征函数系，它们对于线性模型的离散是最好的选择，当非线性项较小时利用行波函数作 Galerkin 截断也有较快的收敛性。Lee 和 Renshaw(2000)[46]利用复特征函数的展开式研究了轴向运动连续介质模型的解。Mochensturm，Perkins 和 Ulsoy(1996)[47]对线性模型分别利用基于行波函数的一阶 Galerkin 截断和基于三角函数的 4 阶 Galerkin 截断分析轴向运动弦线的参数振动，得到精度相似的结果。这说明对于线性模型，利用行波函数作 Galerkin 截断收敛性要好得多。但对于非线性模型，这种优势不再那么明显，而且对于行波函数，离散方程组的非线性项的系数积分无法解析得到，对称性和稀疏性也较三角函数系差，需要计算大量的数值积分来确定离散方程组的系数，计算量远大于前者。因此目前采用的较少，而且主要是一阶截断。

对于 Galerkin 方法的低阶截断，许多作者利用实验的方法验证了其合理性，如 Alaggio 和 Rega(2001)[48]研究了悬挂索，比较了实验结果和数值结果，从而验证了低阶 Galerkin 截断的可行性。但对高速运动的弦线系统，利用低阶 Galerkin 方法的合理性还没有理论的证明和实验的验证。Chen 等(2003)[49]针对运动弦线的线性模型和弹性模型，利用数值实验的方法检验了低阶 Galerkin 截断对模型的逼近程度，分析了近似程度与弦线轴向速度和其他参数的关系。他们给出的结果表明，在轴向速度不太大时，4 阶 Galerkin 截断有较好的近似性。

由于 Galerkin 方法是在轴向运动弦线的横向振动分析中常用的方法，许多文献应用这种方法时给出了方法的不同的简化技巧。如

Pakdemirli, Ulsoy 和 Cerannoglu(1994)[50]等给出的 n 阶 Galerkin 方法的具体公式, Chen, Zu 和 Wu(2003)[5]利用变量代换消去黏弹性模型的积分项等。

(2) 摄动分析方法

对于轴向运动弦线非线性项很小时的横向振动的研究,摄动分析是主要的研究手段之一,由于研究轴向运动弦线的摄动分析方法经常和数值离散的方法结合使用,成为一种特殊的半数值方法。目前研究方法有离散多尺度方法、连续多尺度方法和平均法等。离散多尺度方法基于对空间变量差分离散后的弦线运动方程组利用多尺度方法作摄动分析,对这一方法的系统研究和应用可见 Mote, Thurman, Wicket 等[51]以及 Huang, Fung 和 Lin 等的系列工作。连续多尺度方法则直接对微分算子用多尺度方法进行摄动分析。对这一方法的系统研究和应用可见 Zu, Zhang 等的系列工作。

(3) 有限差分法和有限元法

摄动分析方法主要适用于小幅振动的情况。对于较强的非线性项,一般需要利用 Galerkin 方法,有限差分法或有限元法作数值计算。与 Galerkin 方法比较,有限差分法和有限元方法得到的离散方程组一般是大型稀疏方程组,条件数小且容易求解,而且系数矩阵的结构化好,容易利用计算机生成。但由于运动弦线振动问题的特殊性,利用有限差分法和有限元法研究轴向运动弦线振动问题的远少于 Galerkin 方法。利用有限差分法和有限元法分析运动弦线横向振动目前已有不少工作。早期的工作有 Bhat, Xistris 和 Sankar (1982)[52]的文章,他们在分析在弹性基础上的轴向运动弦线的横向振动问题时,利用差分方法对空间变量进行离散,化为常微分方程组,然后进行数值求解。Yao, Fung 和 Tseng(1992)[53] Huang, Fung 和 Lin(1995)[54]以及 Leung(2000)[55]则在分析弹性或黏弹性轴向运动弦线的横向振动时,利用有限元方法对弦线的空间变量作数值离散,而对离散后的常微分方程组则采用 Laplace 变换进行近似求解。这样做的优点是计算简单,但是利用 Laplace 变换要求把方程作线性化处理,这必然影响数值计算的精度。直接利用差分离散的还有 Leamy 和 Wasfy[56] Chen 和 Zhao[49][60][61][62] 等的文章。尽管已有不少文献设计和利用有限差分法和有限元法解决轴向运动弦线振动模型的数值计算问题,但都是基于具体的应用,没有对这一类问题的算法特点的研究。从数值计算的角度看[57][58][59],利用有限差分法和有限元法求解轴向运动弦线横向振动方程的难点在于处理非线性的黏弹性项。早期的文献直接利用有限差分作直接离散,这样处理虽然计算量较小,但通常方法的数值稳定性较差,无法进行长时间的数值模拟。对于很小的振动,可以利用差分或有限元方法处理空间变量,而利用多尺度方法或 Laplace 变换处理时间变量。这样的方法的缺点是算法不具有一般性,只能针对一个具体的问题,且精度也较差。另外,对于积分本构或分数导数本构的黏弹性运动弦线,空间变量离散后,在常微分方程组中出现大量的积分区间为[0, t]的积分项。对于这些项,多数文献采用通用的数值积分的方法如加权梯形法等。这样的做法有一个缺点,即每一步要计算大量的[0, t]区间上的数值积分,这意味着计算过程中需要存储每一时间步的数据信息。而且随着时间 t 的增大,每一个时间步上的计算量显著增加,数值误差也加大。

(4) 其他方法

在分析轴向运动弦线的横向振动的文献中,还有其他的数值方法,如小波分析方法,Qu (2002)[63] 等研究的迭代学习算法和 Chung 等[64]的广义 α-方法等。

1.2.3 轴向运动弦线系统的参数振动和动力学分析

由于系统中的参数的周期性变化,运动弦线系统在运动中可能出现大的横向振动。这一现象称为参数振动。

在线性模型中,产生轴向运动弦线的参数振动的两个主要因素是张力的变化和轴向加速度的变化。半个世纪以来,对于轴向运动弦线的线性模型[65][66]

$$\rho\left(\frac{\partial^2 U}{\partial T^2}+2c(T)\frac{\partial^2 U}{\partial T\partial X}+\dot{c}(T)\frac{\partial U}{\partial X}+c(T)^2\frac{\partial^2 U}{\partial X^2}\right)-P(T)\frac{\partial^2 U}{\partial X^2}=F(T,X) \tag{1.25}$$

的参数振动有大量的研究。对由张力的变化产生的参数振动的研究可见 Mahalingam（1957）[67]，Mote（1968）[68]，Naguleswaran 和 Williams（1968）[45]，Rhodes（1970）[69]，Ariartnam 和 Asokanthan（1987）[70]，Mochensturm，Perkins 和 Ulsoy（1996）[47]等的文章，对由轴向加速度的变化产生的参数振动的研究见 Miranker（1960）[71]，Mote（1975）[72]，Pakdemirli 和 Batan（1993），Pakdemirli 和 Ulsoy（1997）[73]，Oz，Pakdemirli 和 Ozkaya（1998）[74]等的文章。

在方程(1.25)中，随时间变化的速度 $c(T)$ 和张力 $P(T)$ 的变化规律受到重视。Mahalingam(1957)注意到轴向运动弦线的张力通常表现为下面的形式

$$P(T)=P_0+P_1\cos(\Omega T) \tag{1.26}$$

即平均张力 P_0 和一个简谐变力的和，Mahalingam 以后的作者在讨论运动弦线的振动时，通常采用式(1.26)为张力模型。Mote(1968)首先研究了轴向运动弦线的参数振动，他利用对模型的数值积分，对不同的常速 c 计算得到了 $P_1-\Omega$ 平面上解的稳定区域的边界。Rhodes(1970)，Mochensturm，Perkins 和 Ulsoy(1996)等也用不同的方法研究了张力(1.15)与运动弦线横向振动的稳定性的关系。

研究加速度对横向振动的影响是轴向运动弦线参数振动分析的另一条主线。Mote(1975)利用近似的方法研究了轴向加速度参数对运动弦线横向振动的影响。他利用时间平均值代替变化的速度，得到常系数的常微分方程，然后利用 Laplace 变换分析了系统的稳定性。他通过分析得出了加速过程可能导致弦线横向振动不稳定的结论。Pakdemirli，Ulsoy 和 Cerannoglu(1994)研究了轴向加速度弦线横向振动的动力学稳定性，在他们的论文中，考虑了张力和速度的下述关系模型

$$P(T)=P_0+\eta\rho c^2(T) \tag{1.27}$$

其中 P_0 是初始张力，η 是(0, 1)上的常数。轴向速度按振幅 c_0 和频率 ω_0 的正弦曲线变化。通过采用 Galerkin 方法作数值计算，他们发现，采用高阶 Galerkin 截断，系统的稳定性好于低阶截断。另外，Wickert(1996)[75]利用 Krylov，Bogoliubov 和 Mitropolsky 的渐进方法，Pakdemirli 和 Ulsoy(1997)[73]，Oz，Pakdemirli 和 Ozkaya(1998)[74]分别用多尺度法，Ozkaya 和 Pakdemirli(2000)[76]利用 Li 群的方法研究了加速度弦线的参数振动的稳定性和速度、加速度参数对振动的影响等。

如果建模时考虑非线性因素，得到的是非线性模型。研究这种模型中参数变化对系统横向振动的影响称为非线性参数振动。由于非线性项的影响，利用解析的方法如 Green 函数法，Li 群的方法等进行研究变得困难甚至不可能，数值方法如 Galerkin 方法、有限元方法和有限差分法，半数值的方法如离散多尺度方法等成为主要的研究手段。而且系统的动力学表现也更为复杂，出现了分岔和混沌等非线性动力学现象。

在 20 世纪 90 年代以来，对轴向运动弦线的非线性参数振动有了较多的研究。Huang，Fung 和 Lin(1995)[54]研究了非线性轴向运动弦线的三维振动；Fung 和 Wu(1997)[77]把 Huang，Fung 和 Lin 的研究推广到受到磁力和张力激励的情况。Huang 和 Mote(1995)[42]则在轴向运动弦线的振动方程中引入了阻尼系数 c_v 的黏性阻尼项

$$c_v\left(\frac{\partial U}{\partial T}+c\frac{\partial U}{\partial X}\right) \tag{1.28}$$

进而研究了在流体薄层中的运动弦线的振动问题。他们针对这一模型，利用 Galerkin 方法分析了几何非线性对横向振动的影响并对低阶截断的离散方程给出了系统参数的稳定边界。Mochensturm，Perkins 和 Ulsoy(1996)[47]利用 Krylov，Bogoliubov 和 Mitropolsky 的渐近方法对模型的一阶 Galerkin 截断方程给出了靠近不稳定区域

的系统的响应分析，得到了非平凡极限环的存在和稳定性条件。Pellican，Vestroni 和 Fregolent（2000）[78]则分析了驱动轮偏心的情况下轴向运动弦线的参数振动。

黏弹性轴向运动弦线的非线性参数振动的研究是近年来运动弦线系统横向振动理论研究的又一个重要内容。黏弹性运动弦线模型的本构关系分为微分型本构关系和积分型本构关系等。Zhang 和 Zu（1999a）[79]研究了由 Kelvin 模型描述的微分本构黏弹性运动弦线的横向振动，他们利用多尺度方法给出了振幅的闭形解和响应的非平凡解的存在条件。Zhang 和 Zu（1999b）[80]研究了黏性参数 η 与平凡解和非平凡解的稳定性的关系。Hou 和 Zu（2001）[36]则研究了微分本构黏弹性运动弦线的标准线性固体模型，他们利用连续多尺度方法进行了参数振动分析，给出了主响应和组合响应的闭形解的存在性条件和稳定性边界，揭示了张力的波动和速度的增加对稳定性边界的影响。黏弹性积分本构模型的本构关系表示为下面的形式

$$\sigma(X,\ T)=\varepsilon_L(X,\ T)E_0+\int_0^T\dot{E}(T-T')\varepsilon_L(X,\ T')\mathrm{d}T' \quad (1.29)$$

其中 $E(T)$ 是张力松弛函数。这一本构关系基于 Boltzman 迭加原理，因此满足上述本构关系的材料也称 Boltzman 物质。最早研究积分本构黏弹性轴向运动弦线横向振动的是 Fung，Huang 和 Chen（1997），他们给出了基于本构关系（1.18）的黏弹性轴向运动弦线的动力学方程，并利用 Galerkin 方法给出了弦线瞬态振动的分析。Chen 和 Zu（2003a）[29]，Wu 和 Chen（2003）[81]也基于上述模型利用多尺度方法分析了运动弦线的动力学性质和参数激励。Wu 和 Chen（2002）[82]（2003）[81]，Chen，Zu 和 Wu（2003）[5]，Chen，Zu，Wu 和 Yang（2004）[31]则分析了加速度参数对弦线振动的影响。

在轴向运动弦线的参数振动的研究的一个重要内容是耦合振动。如与旋转的惯性元件的耦合、与约束的耦合等。Hwang，Perkins，Ulsoy and Mechstroth（1994）[83]给出了传送带驱动系统旋转响应的一般模型。Fan and Shah（1996）给出了阻尼运动弦线系统

横向振动的模态分析。Belkmann，Perkins 和 Ulsoy(1996a)[84]，Zhang 和 Zu(1999c)[2]，Zu 和 Zhang(2000)[28]分别研究了带张紧轮的传送带的建模和参数振动。

1.2.4 轴向运动弦线的能量和守恒量的研究

由于运动弦线系统是陀螺系统，在运动过程中能量不再守恒。许多作者研究了轴向运动弦线运动过程中的能量变化问题。Chubachi(1958)首先讨论了轴向运动弦线的运动过程中能量的周期性变化。Roos，Schweigman and Timman(1973)[85]在运动弦线的能量分析中考虑了热传导的影响。Miranker(1960)[71]给出了轴向运动弦线在没有外部激励时能量的变化率的计算公式

$$\frac{\partial E}{\partial T}=\frac{1}{2}c(\rho c^2-P)\left[\left(\frac{\partial U}{\partial X}\Big|_{X=L}\right)^2-\left(\frac{\partial U}{\partial X}\Big|_{X=0}\right)^2\right]-c^2\frac{\partial}{\partial T}\int_0^L\left(\frac{\partial U}{\partial X}\right)^2\mathrm{d}X \tag{1.30}$$

其中 E 是运动弦线的两个支点之间的总机械能，它一般不等于零。Wicket 和 Mote(1989)[21]认为模型(1.30)忽略了能量在支点的流动。他们在模型(1.30)的基础上加上了能量的传播项

$$\frac{\mathrm{d}E}{\mathrm{d}T}=\frac{\partial E}{\partial T}+c\hat{E}\,\Big|_0^L \tag{1.31}$$

其中

$$\hat{E}(U)=\frac{\rho}{2}\left[c^2+\left(\frac{\partial U}{\partial T}+c\frac{\partial U}{\partial X}\right)^2\right]+\frac{P}{2}\left(\frac{\partial U}{\partial X}\right)^2 \tag{1.32}$$

Lee 和 Mote(1997)[86] (1998)[87]，Renshaw，Rahn，Wicket 和 Mote(1998)[88]分别研究了轴向运动弦线的能量的变化率。其中后者得到总机械能的 Euler 函数，

$$\frac{\mathrm{d}E_E}{\mathrm{d}T}=\frac{1}{2}c(P-\rho c^2)\left(\frac{\partial U}{\partial X}\right)^2\Big|_0^L \tag{1.33}$$

尽管对于轴向运动弦线，总机械能的 Euler 函数和 Lagrange 函数都不是守恒量，为了研究轴向运动弦线系统的长期的运动性质，许多作者研究了一些类似于守恒能量函数的守恒量。Miranker(1960)证明了 Euler 函数

$$S_E[U]=\int_0^L \frac{1}{2}\left[\rho\left(\frac{\partial U}{\partial T}\right)^2+(P-\rho c^2)\left(\frac{\partial U}{\partial X}\right)^2\right]\mathrm{d}X \quad (1.34)$$

对于轴向运动弦线的线性模型是运动过程的守恒量。Wicket 和 Mote(1989)[21]则给出了定义在 $T=0$ 的守恒的 Lagrange 泛函

$$S_L[U]=\int_{cT}^{cT+L} \frac{1}{2}\left\{\rho\left(\frac{\partial U}{\partial T}\right)^2+\left[\frac{\rho c}{P}\frac{\partial U}{\partial T}-\left(1-\frac{\rho c^2}{P}\right)\right]\left(\frac{\partial U}{\partial X}\right)^2\right\}\mathrm{d}X \quad (1.35)$$

Zu 和 Ni(2000)[24]研究了变长度的轴向运动弦线的能量变化。对于轴向运动弦线的非线性振动模型(1.1)，陈立群(2002)[89]给出了总机械能的 Lagrange 函数

$$E_E^N[U]=\int_0^L\left\{\frac{\rho}{2}\left[c^2+\left(\frac{\partial U}{\partial T}+c\frac{\partial U}{\partial X}\right)^2\right]+\frac{P}{2}\left(\frac{\partial U}{\partial X}\right)^2+\frac{1}{8}EA\left(\frac{\partial U}{\partial X}\right)^4\right\}\mathrm{d}X \quad (1.36)$$

Chen 和 Zu(2003)[30]则给出了轴向运动弦线的非线性振动模型(1.1)的守恒的 Euler 函数

$$S_E^N[U]=\int_0^L\left[\frac{1}{2}\rho\left(\frac{\partial U}{\partial T}\right)^2+\frac{1}{2}(P-\rho c^2)\left(\frac{\partial U}{\partial X}\right)^2+\frac{1}{8}EA\left(\frac{\partial U}{\partial X}\right)^4\right]\mathrm{d}X \quad (1.37)$$

最近，他们又将上述结果推广到非线性梁的横向振动模型

$$\frac{\partial^2 u}{\partial t^2}+2\gamma\frac{\partial^2 u}{\partial t\partial x}+(\gamma^2-1)\frac{\partial^2 u}{\partial x^2}+v_f^2\frac{\partial^4 u}{\partial x^4}=\frac{3E}{2}\left(\frac{\partial u}{\partial x}\right)^2\frac{\partial^2 u}{\partial x^2}$$

的能量和运动守恒量的研究，得到下面的运动守恒量

$$S_2(u)=\int_0^1\left[\left(\frac{\partial u}{\partial t}\right)^2+(1-\gamma^2)\left(\frac{\partial u}{\partial x}\right)^2+v_f^2\left(\frac{\partial^2 u}{\partial x^2}\right)^2+\frac{E}{4}\left(\frac{\partial u}{\partial x}\right)^4\right]\mathrm{d}x$$

关于运动弦线和弹性梁的能量和守恒量的计算也有许多研究工作,如 Fung 和 Chang(2001)[90]提出的计算系统能量的变网格有限元法等。

守恒量函数是守恒的能量函数的推广,它们同样反映了系统的某种内在性质,而且有许多应用。例如,在研究弦线振动在平衡位置附近的稳定性时,对于线性弦线系统,可以利用系统的特征值来判断,对于非线性系统,通常利用某个“优算子”来证明。对于能量守恒的系统,通常利用总机械能作为这样一个优算子。而对于运动弦线,其总机械能不守恒,我们可以利用上述守恒量作为优算子。

守恒量的值不随时间的增加而变化,这一优点可以用于数值计算结果的精度检验,通过与守恒量的比较,可以从一个角度看到数值误差随时间的增加而加大的程度。

1.3 本文研究的主要内容

本论文的主要内容是利用数值分析的方法研究轴向运动弦线系统横向振动的动力学性质。

第二章分为两个部分,前一部分讨论黏弹性轴向运动弦线的横向振动模型的建模问题。在这一部分,通过引入 Riemann-Liouville 分数导数建立了分数导数型的黏弹性本构模型;采用卷积的表示方法,给出指数型积分本构关系和分数导数型积分本构关系模型的统一表示,使得两种利用偏微分/积分方程描述的运动弦线模型可以统一进行讨论。另一部分讨论轴向运动弦线和轴向运动弹性梁的守恒量及其应用。轴向运动弦线和轴向运动弹性梁的横向振动模型都是连续介质的陀螺系统,能量不守恒,因此,有些分析弦线运动过程的方法如能量法等无法应用。本章针对轴向运动的弹性梁和弹性弦线的不同模型,推导出相应的守恒量公式,并利用上述守恒量给出并证明了弦线平衡状态的稳定性条件。

第三章探讨了利用 Galerkin 方法研究轴向运动弦线的横向振动问题的计算复杂性和计算精度的估计方法。近半个世纪来，Galerkin 方法是研究轴向运动非线性弦线系统的动力学分析的主要方法之一，而且其中大多数是采用基于三角函数系的 Galerkin 截断方法，目前已有大量文献。但这些文献中大多数采用的是低阶 Galerkin 截断，因此对如何降低高阶 Galerkin 截断的系数推导的计算工作量没有深入的讨论。而且对于计算结果的精度没有深入的分析，这种研究往往导致结果的可信程度较低。利用基于三角函数系的 m 阶 Galerkin 方法时，离散空间变量得到的非线性常微分方程组中有 m^4 个非线性项的系数需要手工计算，这使得高阶 Galerkin 截断很少得到应用。但分析发现，这些系数有很多重复，且多数的值是零，可以通过处理化简系数的计算，建立系数生成的计算机程序。本文利用三角函数的性质，采用级数计数方法的新的组合，给出了 n 阶 Galerkin 方法的系数的统一的计算公式和表示方法，组合了重复项，压缩掉了值为零的项。使得系数的计算和分析大大简化，而且可以利用简单的计算机程序生成轴向运动非线性弦线 Galerkin 方法得到的微分方程组的系数。本章利用弹性弦线的守恒量给出了数值计算精度的一种检验方法。这种检验方法有两个优点：(1) 由于守恒量不随时间 t 变化，因此这种方法可以有效地检验当时间 t 增大时，由于舍入误差的积累而产生的误差，从而检验数值方法的稳定性和进行长期动力学分析的可行性。(2) 方法是利用每一时间层的数据进行的，可以在计算过程中直接使用，有很好的实用性。本文利用这种方法分析了运动弦线系统 Galerkin 截断的计算精度，检验了随着截断阶数的增加，数值精度提高的程度。并分析了在运动弦线的轴向速度接近临界速度时 Galerkin 方法的收敛性、运动弦线的 Kirchhoff 模型和 Mote 的模型的差异、对运动弦线控制方程的奇次 Galerkin 截断和偶次 Galerkin 截断的数值精度和数值稳定性的差异等。

第四章给出了满足微分型黏弹性本构关系的轴向运动弦线系统

的差分法。4.1节研究了基于微分型黏弹性本构关系模型的半离散数值计算方法。通过对运动方程和本构关系方程的空间变量分别作差分离散,把问题化为常微分方程组,利用隐式 Runge-Kutta 方法求解,保证了算法的二阶收敛性和数值稳定性。由于本构关系的单独离散,使得算法可以用于处理不同的微分本构的问题。方法在非线性项较大时保持了计算的稳定,缺点是计算量较大。4.2节则针对微分本构关系的标准模型建立了直接差分方法。通过利用 Crank-Nicolson 的差分技巧直接对方程离散,得到二阶稳定的差分方法。并通过对动力学方程和微分型黏弹性本构方程在不同的分数节点作数值离散,把非线性的差分方程组转换成交替计算的线性差分格式,使计算的复杂性大大减少,从而较好地解决了黏弹性轴向运动弦线长时间仿真的计算效率问题。但由于离散技巧是根据具体模型设计的,方法适用特殊问题而不具有一般性,且当问题的非线性项较大时,计算稳定性变差。两种方法有不同的适用范围。4.3节利用给出的数值方法分析了微分型黏弹性本构的轴向运动弦线的参数振动。通过对不同参数和不同本构关系的模型的比较,分析了速度、加速度、初始张力等参数对横向振动的影响,分析了材料的弹性和黏性系数对振动的影响,研究了在临界速度下振动的稳定性和数值收敛性。

第五章研究了满足积分型黏弹性本构关系的轴向运动弦线横向振动的数值仿真和动力学分析问题。5.2节针对张力松弛函数为指数型函数的积分型本构模型建立了相应的数值方法。方法关于时间变量采用等距节点 $t_0 < t_1 < \cdots < t_k < \cdots$ 离散。通过建立相邻时间节点 t_i 和 t_{i+1} 之间的由积分项组成的张量函数之间的递推关系,避免了每一时间步大量的数值积分计算,同时也使得计算精度得以提高。5.3节利用5.2节的方法进行了积分型黏弹性本构轴向运动弦线的参数振动分析,研究了弦线的轴向速度和加速度参数、材料参数的变化对弦线横向振动的影响,分析了速度在临界速度附近时,数值结果的不稳定性和在超临界速度下平衡位置的不稳定性。

第六章研究满足分数导数型黏弹性本构关系的轴向运动弦线横

向振动的数值方法和动力学分析。6.2 节针对分数导数型积分本构的黏弹性轴向运动弦线建立了相应的数值方法。由于分数导数型黏弹性本构关系模型的积分项是广义积分，直接利用递推方法常常导致发散的递推过程。为了解决这一问题，本文利用分离奇点和函数逼近方法把问题化为可递推的形式，然后建立相邻时间节点间各个数值积分之间的递推关系，得到递归算法。算法利用简单的递推关系式代替了每一时间步上大量的数值积分计算，降低了计算的复杂性。5.3 节利用给出的数值方法作出了分数导数本构的黏弹性弦线的参数振动分析，研究了模型参数对弦线振动的影响。

第七章总结全文的工作。

1.4 有关符号和定义

在本文中，$\mathbf{R}$，$\mathbf{Z}$ 分别表示实数集合和整数集合；$\mathbf{R}^+$ 和 $\mathbf{Z}^+$ 表示正实数和正整数的集合；R^n 表示 n 维实向量的集合；$R^{m\times n}$ 表示 m 行 n 列实矩阵的集合。

设

$$\mathbf{A}=\begin{bmatrix} a_{11} & a_{12} & \cdots & a_{1n} \\ a_{21} & a_{22} & \cdots & a_{2n} \\ \vdots & \vdots & & \vdots \\ a_{m1} & a_{m2} & \cdots & a_{mn} \end{bmatrix}、$$

B 是任一矩阵，则 A 和 B 的张量积记为 $\boldsymbol{A}\otimes\boldsymbol{B}$，定义为

$$\mathbf{A}\otimes\boldsymbol{B}=\begin{bmatrix} a_{11}\boldsymbol{B} & a_{12}\boldsymbol{B} & \cdots & a_{1n}\boldsymbol{B} \\ a_{21}\boldsymbol{B} & a_{22}\boldsymbol{B} & \cdots & a_{2n}\boldsymbol{B} \\ \vdots & \vdots & & \vdots \\ a_{m1}\boldsymbol{B} & a_{m2}\boldsymbol{B} & \cdots & a_{mn}\boldsymbol{B} \end{bmatrix} \tag{1.38}$$

设 F_1，F_2 是两个集合，则集合运算

$$F_1 \wedge F_2 = \{x \mid x \in F_1 \text{ and } x \in F_2\}$$

$$F_1 \vee F_2 = \{x \mid x \in F_1 \text{ or } x \in F_2\}$$

分别称为 F_1,F_2 的合取运算和析取运算。F_1,F_2 的笛卡儿乘积记为

$$F_1 \oplus F_2 = \{< x,y >\mid x \in F_1 \wedge y \in F_2\}$$

在本文中，$L^p(S)$ 表示集合 S 上 p 阶勒贝格可积的函数集合，$1 \leqslant p \leqslant +\infty$；$C^m(S)$ 表示 S 上 m 阶连续可微的函数的集合，$m \in \mathbf{Z}^+$；$AC(S)$ 表示 S 上绝对连续函数的集合。$C^m(S)$ 上的范数定义为

$$\| f \|_m = \left[\int_S \sum_{k=0}^{m} \left(\frac{\partial^k f}{\partial x^k} \right)^2 \mathrm{d}x \right]^{1/2} \tag{1.39}$$

赋范线性空间 $C^m(S)$ 的完备化空间记为 $H^m(S)$。$C^m(S)$ 中满足齐次边界条件的函数的集合记为 $C_0^m(S)$。

在线性空间 $C(S)$ 上定义内积

$$\langle f,\, g \rangle = \int_S f(x) g(x) \mathrm{d}x \tag{1.40}$$

则 $C(S)$ 构成内积空间。设函数系 $\{f_1,\, f_2,\, \cdots\}$ 是上述内积空间中的一个正交系，且由上述函数系张成的线性空间的闭包包含 $C(S)$，则称 $\{f_1,\, f_2,\, \cdots\}$ 是 $C(S)$ 的一个完备的正交系。

设 Ω 是连通区域，$f\colon \Omega \to \Sigma$ 是一个连续函数。集合

$$S = \{x \mid x \in \Omega \wedge f(x) \neq 0\}$$

称为函数 $f(x)$ 的支集。如果 S 是单连通的有界集且 $\overline{S}$ 是 Σ 的真子集，则称函数 $f(x)$ 具有局部支集。如果 $f(x)$ 是函数类 Λ 上支集最小的函数，则称 $f(x)$ 具有最小支集。

设 D 是赋范线性空间，$F\colon u \in D \to R$ 是连续泛函，如果

$$|F(u)| \geqslant 0, \qquad \forall u \in D$$

$$F(u) = 0 \text{ 当且仅当 } u = \theta$$

则称 F 是正定的。这里 θ 是 D 上的零元素。如果存在常数 $M>0$ 满足

$$|F(u)|\leqslant M\|u\|,\qquad \forall u\in D$$

则称 F 是有界的。

连续算子的连续性和正定性也类似定义。

第二章　非线性轴向运动弦线的动力学模型和守恒量

2.1　引言

本章的研究内容分为两部分。第一部分以 Mote, Zu 和 Chen 等建立的轴向运动弦线的动力学模型为基础，讨论了黏弹性轴向运动弦线横向振动的各种形式的动力学模型，在此基础上，建立了基于分数导数本构关系的黏弹性轴向运动弦线横向振动的动力学模型，并利用卷积符号给出一个更一般的模型，将积分型本构运动弦线模型和分数导数型弦线模型统一表示出来，为后面各章的统一分析创造了条件。第二部分对 Miranker, Mote, Chen 等提出的各种非线性轴向运动弦线的守恒量进行了推广，导出了基于不同模型的轴向运动弦线的运动守恒量，并利用这些运动守恒量给出并证明了轴向运动弦线和轴向运动的弹性梁在静平衡位置附近的运动稳定性定理。

2.2　黏弹性弦线的微分本构模型和积分本构模型

轴向运动弦线的物理模型见图 2.1。弦线沿着 X 方向作变速运动。设其平衡位置为 X 轴。在两端的滚动支座的横向位移为 0。

本文研究有限范围小伸展的弦线，且在研究中只考虑横向振动。利用 Chen[30] 的推导得到轴向运动弦线的横向振动方程(1.9)得到下面的运动弦线的动力学方程

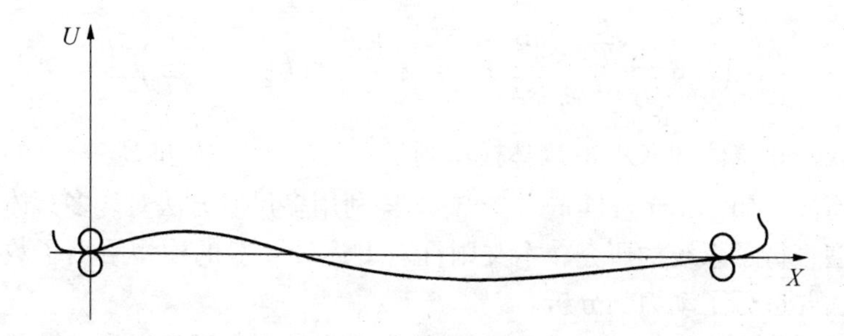

图 2.1　运动弦线示意图

$$\rho\frac{\partial^2 U}{\partial T^2}+2\rho c(T)\frac{\partial^2 U}{\partial T\partial X}+\rho\dot{c}(T)\frac{\partial U}{\partial X}+\left(\rho c(T)^2-\frac{P}{A}\right)\frac{\partial^2 U}{\partial X^2}=\frac{\partial}{\partial X}\left(\sigma\frac{\partial U}{\partial X}\right) \tag{2.1}$$

在模型(2.1)中，轴向应力 σ 是时间 T，空间变量 X 和位移 U 的非线性函数，其形式与弦线的材料特性有关。对于黏弹性材料如合成橡胶、纺织纤维等，描述材料的应力-应变关系的模型有多种形式。常用的有微分本构模型、积分本构模型和分数导数本构模型等。微分本构关系可以利用微分算子的形式描述为

$$P^*\sigma=Q^*\varepsilon \tag{2.2}$$

其中 ε 是 Lagrange 应变，它与横向位移的关系为

$$\varepsilon(X,\ T)=\frac{1}{2}\left(\frac{\partial U}{\partial X}\right)^2 \tag{2.3}$$

微分算子 P^* 和 Q^* 为

$$P^*=\sum_{i=0}^{k}\alpha_i\frac{\partial^i}{\partial T^i},\quad Q^*=\sum_{i=0}^{k}\beta_i\frac{\partial^i}{\partial T^i} \tag{2.4}$$

由方程(2.1)和(2.2)联立而成的非线性偏微分方程组可以描述多种黏弹性弦线的横向振动。上述模型的一个重要的例子是黏弹性材料本构关系的标准模型

$$\left(1+\frac{\eta}{E_1+E_2}\frac{\partial}{\partial T}\right)\sigma=\frac{E_1}{E_1+E_2}\left(E_2+\eta\frac{\partial}{\partial T}\right)\varepsilon \tag{2.5}$$

Maxwell 流体和 Kelvin 固体模型则是它对应 $E_2\rightarrow 0$ 和 $E_1\rightarrow\infty$ 的特殊情况。Zu, Zhang, Hou[79][80][36][37]等利用多尺度方法对许多具体的模型进行了系统的研究。本文则针对上述较一般的模型给出了数值方法并进行了动力学分析。

积分本构模型是描述黏弹性物质的另一种重要模型。与微分本构比较,积分本构能够较好地反映黏弹性材料的记忆效应,描述黏弹性材料变形过程中复杂的非线性现象如松弛、蠕变等,因此有更广泛的应用。积分本构模型中最简单的是单积分模型。与微分本构模型比较,单积分本构关系需要的材料参数较少,且容易从实验中获得,因此目前应用最多的是单积分模型。

积分型本构模型由 Boltzmann 迭加原理导出。利用 Boltzmann 迭加原理,黏弹性物质的应力-应变关系可以表述成[91]

$$\sigma(X,\ T)=\varepsilon(X,\ T)E_0+\int_0^T\dot{E}(T-T')\varepsilon(X,\ T')\mathrm{d}T' \tag{2.6}$$

其中 $E(T)$ 是张力松弛函数,$E_0=E(0)$。满足上述应力-应变关系的物质也称为 Boltzmann 物质。其中张力松弛函数 $E(T)$ 通常选择为指数函数

$$E(T)=a\mathrm{e}^{-bT} \tag{2.7}$$

或更一般的指数函数的组合形式

$$E(T)=\sum_{i=1}^{k}a_i\mathrm{e}^{-b_iT} \tag{2.8}$$

其中(2.7)式称为单积分型本构关系,它以实验参数少的优点受到人们的偏爱[92]。具有松弛函数(2.7)或(2.8)的积分本构关系也称为指数型本构关系。

将本构关系式(2.6)代入动力学方程(2.1)得到黏弹性轴向加速

度弦线的控制方程

$$\rho\frac{\partial^2 U}{\partial T^2}+2\rho c\,\frac{\partial^2 U}{\partial T\partial X}+\rho\dot{c}\,\frac{\partial U}{\partial X}+\left(\rho c^2-\frac{P}{A}\right)\frac{\partial^2 U}{\partial X^2}$$

$$=\frac{3E}{2}\frac{\partial^2 U}{\partial X^2}\left(\frac{\partial U}{\partial X}\right)^2+\frac{1}{2}\frac{\partial^2 U}{\partial X^2}\int_0^T\dot{E}(T-T')\left(\frac{\partial U}{\partial X}\right)^2\mathrm{d}T'+$$

$$\frac{\partial U}{\partial X}\int_0^T\dot{E}(T-T')\,\frac{\partial U}{\partial X}\frac{\partial^2 U}{\partial X^2}dT' \tag{2.9}$$

2.3 黏弹性轴向运动弦线的分数导数本构模型

描述黏弹性材料本构关系的另一个积分型模型是基于分数导数的黏弹性材料的本构模型。目前这一类模型在工程和动力学理论的研究中已有广泛的应用[93][94]。由于它不能利用积分型本构关系(2.6)描述,为区别起见,我们称之为分数导数本构模型。这种本构关系模型的积分项中的松弛函数是幂函数,因此也称为幂型本构关系。分数导数本构模型具有积分本构的优点,能够较好地刻画黏弹性材料变形恢复的缓慢的非线性长期效应,描述黏弹性材料特有的应力松弛和蠕变现象。本节将这种模型引入黏弹性轴向运动弦线振动过程的描述和分析,利用 Riemann-Liouville 分数导数建立黏弹性弦线的动力学模型。

首先引入 Riemann-Liouville 分数积分和分数导数的定义,利用 n 重积分的熟知公式

$$\int_a^x\int_a^x\cdots\int_a^x f(x)\,\mathrm{d}x=\frac{1}{\Gamma(n)}\int_a^x(x-t)^{n-1}f(t)\,\mathrm{d}t \tag{2.10}$$

可以将整数重多重积分推广到分数重积分。得到下面的定义

定义 2.1 对 $f(x)\in L^1(a,b)$, $\alpha>0$, 积分

$$\mathrm{I}_{a+}^{\alpha} f \overset{def}{=} \frac{1}{\Gamma(\alpha)} \int_{a}^{x} \frac{f(t)}{(x-t)^{1-\alpha}} \mathrm{d}t \quad (x > a) \tag{2.11}$$

$$\mathrm{I}_{b-}^{\alpha} f \overset{def}{=} \frac{1}{\Gamma(\alpha)} \int_{x}^{b} \frac{f(t)}{(t-x)^{1-\alpha}} \mathrm{d}t \quad (x < a) \tag{2.12}$$

称为 α 阶分数积分。其中

$$\Gamma(\alpha) = \int_{0}^{\infty} t^{\alpha-1} e^{-t} \mathrm{d}t \tag{2.13}$$

是 Γ 函数。(2.11)和(2.12)式也分别称为右分数积分和左分数积分。当右分数积分和左分数积分都收敛时，两者的值差一个常数。这时，我们统一用(2.11)式表示 α 阶分数积分。

利用积分和导数的逆运算关系又可以得到分数导数的定义

定义 2.2 对函数 $f(x)$，$a \leqslant x \leqslant b$，$0 < \alpha < 1$，下面的公式

$$\mathrm{D}_{a+}^{\alpha} f \overset{def}{=} \frac{1}{\Gamma(1-\alpha)} \frac{\mathrm{d}}{\mathrm{d}x} \int_{a}^{x} \frac{f(t)\mathrm{d}t}{(x-t)^{\alpha}} \tag{2.14}$$

$$\mathrm{D}_{b-}^{\alpha} f \overset{def}{=} -\frac{1}{\Gamma(1-\alpha)} \frac{\mathrm{d}}{\mathrm{d}x} \int_{x}^{b} \frac{f(t)\mathrm{d}t}{(t-x)^{\alpha}} \tag{2.15}$$

称为 α 阶分数导数，(2.14)式和(2.15)式也分别称为 α 阶右分数导数和左分数导数。当(2.14)式和(2.15)式都收敛时，两者的值相等。这时，利用(2.14)式表示 $f(x)$ 的 α 阶分数导数，记为

$$\mathrm{D}^{\alpha} f \overset{def}{=} \frac{1}{\Gamma(1-\alpha)} \frac{\mathrm{d}}{\mathrm{d}x} \int_{a}^{x} \frac{f(t)\mathrm{d}t}{(x-t)^{\alpha}} \tag{2.16}$$

下面的定理建立了分数导数和分数积分的关系

定理 2.1 设 $f(x) \in AC([a, b])$，则

(1) 对 $0 < \alpha < 1$，$\mathrm{D}_{a+}^{\alpha} f$ 和 $\mathrm{D}_{b-}^{\alpha} f$ 几乎处处存在。

(2) $\mathrm{D}_{a+}^{\alpha} f, \mathrm{D}_{b-}^{\alpha} f \in L_r(a, b)$，$1 \leqslant r < 1/\alpha$，且

$$\mathrm{D}_{a+}^{\alpha} f = \frac{1}{\Gamma(1-\alpha)} \frac{f(a)}{(x-a)^{\alpha}} + \mathrm{I}_{a+}^{1-\alpha} f \tag{2.17}$$

$$D_{b-}^{\alpha} f = \frac{1}{\Gamma(1-\alpha)} \frac{f(b)}{(b-x)^{\alpha}} - I_{b-}^{1-\alpha} f \tag{2.18}$$

关于分数积分和分数导数的性质和应用的系统讨论，可参见 Stefan，Anatoly 和 Oleg(1993)[95]的有关专著。

分数微积分的公式用于描述黏弹性材料的力学性质开始于上个世纪的中叶。Gemant(1938)[96]在材料的性能实验中发现一些材料的应力应变关系与分数次幂函数有关。Rabotnov (1969)[97](1980)[98]对黏弹性材料如合成橡胶、陶瓷等物理性质进行了系统的研究。基于大量的实验，Rabotnov 发现大量的黏弹性材料如玻璃纤维、合成橡胶、聚合物等材料的本构关系可以用下面的方程较好地描述

$$\sigma + pD^{\alpha}[\sigma] = E_0 \varepsilon + qD^{\beta}[\varepsilon] \tag{2.19}$$

其中 p,q 是材料参数，$0 < \alpha, \beta < 1$。当 $\alpha = \beta = 1$ 时，模型(2.20)归结为微分本构的 Stand-ard 模型(2.7)，因此分数导数模型也可以看作微分本构模型的形式推广。但在模型(2.19)中令 $\alpha, \beta \to 1$ 时一般导致一个含有发散积分的没有意义的公式，而不是相应的微分本构模型，因此模型(2.19)不是微分本构模型的直接推广。作为利用积分描述的黏弹性本构关系模型，模型(2.19)有微分本构模型不具备的重要性质，即它能够较好地描述黏弹性材料变形恢复的长期效应，因此有更广泛的应用。另外，分数导数本构关系所含的参数较少且易于利用实验确定。

类似于微分本构模型，分数导数模型也有如下重要的特殊形式

$$\sigma = E_0 \varepsilon + qD^{\beta}[\varepsilon] \tag{2.20}$$

$$\sigma + pD^{\alpha}[\sigma] = qD^{\beta}[\varepsilon] \tag{2.21}$$

它们分别是在(2.19)式中令 $p \to 0$ 和 $q \to 0$ 得到的，也类似地称为 Kelvin 固体和 Maxwell 流体[99]。

利用分数导数的本构模型描述轴向运动黏弹性弦线的材料特

性，可以建立相应的动力学模型。如果将模型(2.20)代入公式(2.2)，则得到基于分数导数本构关系的黏弹性轴向运动弦线的动力学模型

$$\rho\left(\frac{\partial^2 U}{\partial T^2}+2c\,\frac{\partial^2 U}{\partial T\partial X}+\dot{c}\,\frac{\partial U}{\partial X}+c^2\,\frac{\partial^2 U}{\partial X^2}\right)$$

$$=\frac{P}{A}\frac{\partial^2 U}{\partial X^2}+\frac{3E_0}{2}\left(\frac{\partial U}{\partial X}\right)^2\frac{\partial^2 U}{\partial X^2}+$$

$$\frac{p}{2}\mathrm{D}^{\beta}\left[\left(\frac{\partial U}{\partial X}\right)^2\right]\frac{\partial^2 U}{\partial X^2}+p\,\frac{\partial U}{\partial X}\mathrm{D}^{\beta}\left[\frac{\partial U}{\partial X}\frac{\partial^2 U}{\partial X^2}\right] \tag{2.22}$$

分数导数本构关系和利用 Boltzmann 迭加原理导出的应力-应变关系(2.6)都是积分形式的本构关系。但(2.6)式中积分项的核函数 $E(T)$，通常称为松弛函数，要求满足 $E(0)=E_0$，而分数导数的核函数在端点 $T=0$ 没有意义，因此分数导数模型(2.19)不能通过在积分型本构关系(2.6)式中适当选择松弛函数 $E(T)$ 得到。上述的讨论也说明，微分本构关系、积分本构关系(2.6)和分数导数本构关系(2.19)是互相独立的。微分本构关系与分数导数本构关系也只是形式上的一致。它们适用于对不同问题的描述。

2.4 积分本构模型和分数导数型本构模型的统一表示

前面讨论的积分型本构关系和分数导数型本构关系本质上是利用不同的积分算子得到的不同的本构关系，它们之间许多性质是相同的。为了分析不同本构关系之间的联系和差异，建立统一的数值方法，本文采用新的符号把上述两种不同的本构统一表述，这不仅在后面的讨论中节省了大量篇幅，而且为算法的设计提供了方便。

引入卷积运算符号[100]

$$f^{*}g=\int_0^T f(T-T')g(T')\mathrm{d}T' \tag{2.23}$$

则(2.6)式和(2.19)式中 p 等于 0 的情况可以表述为统一的形式

$$\sigma = E_0 \varepsilon + \frac{\mathrm{d}}{\mathrm{d}T}(E_1 * \varepsilon) \tag{2.24}$$

如果选择

$$E_1 = \frac{\eta}{\Gamma(1-\alpha)} T^{-\alpha} \tag{2.25}$$

则模型(2.24)化为(2.19)。而选择 $E_1(T)$ 满足 $E_1(0)=0$，则(2.24)式化为(2.6)式。

将(2.24)式代入方程(2.1)式得到轴向运动弦线的横向振动方程

$$\rho\left(\frac{\partial^2 U}{\partial T^2} + 2c\frac{\partial^2 U}{\partial T \partial X} + \dot{c}\frac{\partial U}{\partial X} + c^2\frac{\partial^2 U}{\partial X^2}\right)$$

$$= \frac{P}{A}\frac{\partial^2 U}{\partial X^2} + \frac{3E_0}{2}\left(\frac{\partial U}{\partial X}\right)^2\frac{\partial^2 U}{\partial X^2}\frac{1}{2}\frac{\partial^2 U}{\partial X^2}\frac{\mathrm{d}}{\mathrm{d}T}\left(E_1 * \left(\frac{\partial U}{\partial X}\right)^2\right) +$$

$$\frac{\partial U}{\partial X}\frac{\mathrm{d}}{\mathrm{d}T}\left(E_1 * \frac{\partial U}{\partial X}\frac{\partial^2 U}{\partial X^2}\right) \tag{2.26}$$

在本文中模型(2.26)是我们研究的主要模型之一。边界条件设为齐次边界条件

$$U(0,T) = U(L,T) = 0 \tag{2.27}$$

对非齐次边界条件，可以参见 Pakdemirli and Boyaci(1995)[101]的处理方法。

定常的非齐次边界条件可以通过线性变换化为齐次边界条件，而方程的形式不变。张力 P 一般是随时间变化的。大量的实验表明，轴向运动弦线的张力变化通常是近似满足下述关系的周期性变力

$$P = P_0 + P_1 \cos(\Omega T) \tag{2.28}$$

因此在本文中，弦线的张力取(2.28)。另外，在式(2.26)，(2.27)和

(2.2)中引入无量纲化参数变换

$$u=\frac{U}{L},\ x=\frac{X}{L},\ t=T\left(\frac{P_0}{\rho AL^2}\right)^{1/2}$$

$$\gamma=c\left(\frac{\rho A}{P_0}\right)^{1/2},\ \omega=\Omega\left(\frac{P_0}{\rho AL^2}\right)^{-1/2}$$

$$v=\frac{P_1}{P_0},\ e_0=\frac{AE_0}{P_0},E(t)=E_1(T)\frac{A}{P_0} \tag{2.29}$$

则得到模型的无量纲化形式

$$Lu=\frac{\partial^2 u}{\partial t^2}+2\gamma\frac{\partial^2 u}{\partial t\partial x}+(\gamma^2-1-v\cos(\omega t))\frac{\partial^2 u}{\partial x^2}+$$

$$\dot{\gamma}\frac{\partial u}{\partial x}-\frac{3e_0}{2}\left(\frac{\partial u}{\partial x}\right)^2\frac{\partial^2 u}{\partial x^2}+\frac{1}{2}\frac{\partial^2 u}{\partial x^2}\frac{\mathrm{d}}{\mathrm{d}t}\left(E^*\left(\frac{\partial u}{\partial x}\right)^2\right)+$$

$$\frac{\partial u}{\partial x}\frac{\mathrm{d}}{\mathrm{d}t}\left(E^*\frac{\partial u}{\partial x}\frac{\partial^2 u}{\partial x^2}\right)=0 \tag{2.30}$$

边界条件化为

$$u(0,t)=u(1,t)=0 \tag{2.31}$$

2.5 轴向运动连续介质模型的运动守恒量及其应用

轴向运动弦线系统是轴向运动连续介质的一种。轴向运动连续介质的运动方程是非线性陀螺系统，运动过程中机械能不再守恒。许多作者研究了基于 Euler 或 Lagrange 的方法的运动守恒量[71][89][103]，本文则分别对弹性杆和弹性弦线的几个不同模型导出了守恒的 Euler 函数，并利用这些函数证明了当轴向运动速度低于临界速度时，弦线在平衡位置附近的振动是稳定的。另外，由于守恒量不随时间变化，可以用来检验数值计算结果的稳定性和可靠性，这一点在第三章详细介绍。

下面考虑以轴向速度 γ 作匀速轴向运动的弹性弦线，首先考虑 Kirchhoff(1877)[102]的非线性模型，其无量纲形式为

$$\frac{\partial^2 u}{\partial t^2}+2\gamma\frac{\partial^2 u}{\partial t\partial x}+(\gamma^2-1)\frac{\partial^2 u}{\partial x^2}=\frac{E}{2}\frac{\partial^2 u}{\partial x^2}\int_0^1\left(\frac{\partial u}{\partial x}\right)^2\mathrm{d}x \quad (2.32)$$

并设其边界条件为齐次边界条件

$$u(t,0)=u(t,1)=0 \quad (2.33)$$

定理 2.2 设函数 $u(t,x)\in C^2([0,\infty)\oplus[0,1])$ 是方程(2.32)的满足齐次边界条件的解，则

$$S_1(u)=\int_0^1\left[\left(\frac{\partial u}{\partial t}\right)^2+(1-\gamma^2)\left(\frac{\partial u}{\partial x}\right)^2\right]\mathrm{d}x+\frac{E}{4}\left(\int_0^1\left(\frac{\partial u}{\partial x}\right)^2\mathrm{d}x\right)^2=const \quad (2.34)$$

证明：记

$$G(t)=\int_0^1\left[\left(\frac{\partial u}{\partial t}\right)^2+(1-\gamma^2)\left(\frac{\partial u}{\partial x}\right)^2\right]\mathrm{d}x+\frac{E}{4}\left(\int_0^1\left(\frac{\partial u}{\partial x}\right)^2\mathrm{d}x\right)^2 \quad (2.35)$$

对 G 求导得到

$$\frac{\mathrm{d}G}{\mathrm{d}t}=2\int_0^1\frac{\partial u}{\partial t}\frac{\partial^2 u}{\partial t^2}\mathrm{d}x+2(1-\gamma^2)\int_0^1\frac{\partial u}{\partial x}\frac{\partial^2 u}{\partial t\partial x}\mathrm{d}x+ E\int_0^1\left(\frac{\partial u}{\partial x}\right)^2\mathrm{d}x\int_0^1\frac{\partial u}{\partial x}\frac{\partial^2 u}{\partial x\partial t}\mathrm{d}x \quad (2.36)$$

利用分部积分和齐次边界条件得到

$$\int_0^1\frac{\partial u}{\partial x}\frac{\partial^2 u}{\partial t\partial x}\mathrm{d}x=\frac{\partial u}{\partial t}\frac{\partial u}{\partial x}\Big|_{x=0}^{x=1}-\int_0^1\frac{\partial u}{\partial t}\frac{\partial^2 u}{\partial x^2}\mathrm{d}x=-\int_0^1\frac{\partial u}{\partial t}\frac{\partial^2 u}{\partial x^2}\mathrm{d}x \quad (2.37)$$

且由

$$\int_0^1 \frac{\partial u}{\partial t}\frac{\partial^2 u}{\partial t\partial x}\mathrm{d}x = \left(\frac{\partial u}{\partial t}\right)^2\Big|_{x=0}^{x=1} - \int_0^1 \frac{\partial u}{\partial t}\frac{\partial^2 u}{\partial t\partial x}\mathrm{d}x = -\int_0^1 \frac{\partial u}{\partial t}\frac{\partial^2 u}{\partial t\partial x}\mathrm{d}x$$

知

$$\int_0^1 \frac{\partial u}{\partial t}\frac{\partial^2 u}{\partial t\partial x}\mathrm{d}x = 0 \tag{2.38}$$

将(2.37)和(2.38)式代入(2.36)式得到

$$\frac{\mathrm{d}G}{\mathrm{d}t} = 2\int_0^1 \frac{\partial u}{\partial t}\left(\frac{\partial^2 u}{\partial t^2} + 2\gamma\frac{\partial^2 u}{\partial t\partial x} + (\gamma^2 - 1)\frac{\partial^2 u}{\partial x^2} - \frac{E}{2}\int_0^1\left(\frac{\partial u}{\partial x}\right)^2\mathrm{d}x\frac{\partial^2 u}{\partial x^2}\right)\mathrm{d}x = 0 \tag{2.39}$$

从而定理得证。

命题 2.1 当 $\gamma \leqslant 1 \wedge E > 0$ 时，守恒算子(2.34)是边值问题(2.33)解空间上的正定算子。

证明： 显然 $S(u) \geqslant 0$。下面只要证明 $S(u) = 0 \Rightarrow u \equiv 0$。由

$$S(u) \geqslant \left\|\frac{\partial u}{\partial t}\right\|_2^2 + (1-\gamma^2)\left\|\frac{\partial u}{\partial x}\right\|_2^2 + \frac{E}{4}\left\|\frac{\partial u}{\partial x}\right\|_2^4 \tag{2.40}$$

和 $\gamma \leqslant 1 \wedge E > 0$ 知当 $S(u) = 0$ 时，有

$$\frac{\partial u}{\partial t} \equiv 0 \wedge \frac{\partial u}{\partial x} \equiv 0$$

即 $u(t, x) \equiv const$。由齐次边界条件得

$$u(t, x) \equiv 0$$

证毕。

下面给出定理 2.2 的应用。由于利用数值计算方法对方程(2.31)的空间变量求解时通常是在 Soblev 空间 $H_0^1[0, 1]$ 中求问题的广义解，而 $H_0^1[0, 1]$ 是 $C_0^1[0, 1]$ 的以范数

$$\|f\|_{H^1}=\left\{\int_0^1[f^2(x)+f'(x)^2]\mathrm{d}x\right\}^{1/2} \tag{2.41}$$

为度量的完备化内积空间,其中式(2.41)中的 $f'(x)$ 是广义导数。因此,下面的分析中对空间变量的度量采用范数(2.41)。作为区别,Euclidean 范数记为

$$\|f\|_2=\left[\int_0^1 f^2(x)\mathrm{d}x\right]^{1/2} \tag{2.42}$$

首先利用定理 2.2 得到

定理 2.3 条件同定理 2.2。设方程的初始条件为

$$u(0,x)=f_1(x),\quad \frac{\partial u}{\partial t}(0,x)=f_2(x) \tag{2.43}$$

并记 $F=[f_1\quad f_2]^{\mathrm{T}}$,其中 $f_1,f_2\in H^1$。则当 $\gamma<1$ 时,方程(2.33)满足齐次边界条件(2.32)的解 $u(t,x)$ 满足

$$\|u(t,x)\|_{H^1}\leqslant M(\|f_1\|_{H^1}+\|f_1\|_{H^1}^2+\|f_2\|_{H^1}),0<t<+\infty \tag{2.44}$$

如果限制 $\|f_1\|_{H^1}\leqslant A$,其中 A 是与 F 无关的常数,则

$$\|u(t,x)\|_{H^1}\leqslant M\|F\|_{H^1}\qquad \forall t\in[0,+\infty) \tag{2.45}$$

这里,M 是与 F 无关的常数。

证明:由于弦线系统的边界条件是齐次的,知 f_1 和 f_2 满足

$$f_1(0)=f_1(1)=0,\quad f_2(0)=f_2(1)=0$$

根据定理 2.2,$G(t)$ 不随 t 变化,不妨记 $G=G(u)$。由于

$$\begin{aligned}G(u)&=G(u_0)\\&=\int_0^1[(f_2(x))^2+(1-\gamma^2)(f_1'(x))^2]\mathrm{d}x+\\&\quad\frac{E}{4}\left(\int_0^1(f_1'(x))^2\mathrm{d}x\right)^2\end{aligned}$$

$$=\int_0^1\left[\left(\frac{\partial u}{\partial t}\right)^2+(1-\gamma^2)\left(\frac{\partial u}{\partial x}\right)^2\right]\mathrm{d}x+\frac{E}{4}\left(\int_0^1\left(\frac{\partial u}{\partial x}\right)^2\mathrm{d}x\right)^2 \tag{2.46}$$

由 Holder 不等式和齐次边界条件得到

$$\int_0^1 u(t,x)^2\mathrm{d}x=\int_0^1\left[\int_0^x\frac{\partial u}{\partial x}\mathrm{d}x\right]^2\mathrm{d}x\leqslant\int_0^1\left[x\int_0^x\left(\frac{\partial u}{\partial x}\right)^2\mathrm{d}x\right]\mathrm{d}x$$

$$\leqslant\frac{1}{2}\int_0^1\left(\frac{\partial u}{\partial x}\right)^2\mathrm{d}x \tag{2.47}$$

由(2.46),(2.47)式得到

$$\|u(t,x)\|_{H^1}^2\leqslant\frac{3}{2}\int_0^1\left(\frac{\partial u}{\partial x}\right)^2\mathrm{d}x\leqslant\frac{3}{2}\int_0^1\left[\left(\frac{\partial u}{\partial x}\right)^2+\left(\frac{\partial u}{\partial t}\right)^2\right]\mathrm{d}x$$

$$\leqslant\frac{3}{2(1-\gamma^2)}\int_0^1\left[\left(\frac{\partial u}{\partial t}\right)^2+(1-\gamma^2)\left(\frac{\partial u}{\partial x}\right)^2\right]\mathrm{d}x+$$

$$\frac{E}{4}\left(\int_0^1\left(\frac{\partial u}{\partial x}\right)^2\mathrm{d}x\right)^2 \tag{2.48}$$

$$=\frac{3}{2(1-\gamma^2)}\int_0^1\left[(f_2(x))^2+(1-\gamma^2)(f_1'(x))^2\right]\mathrm{d}x+$$

$$\frac{E}{4}\left(\int_0^1(f_1'(x))^2\mathrm{d}x\right)^2 \tag{2.49}$$

从而存在常数 $M>0$ 使得

$$\|u(t,x)\|_{H^1}\leqslant M(\|f_1\|_{H^1}+\|f_1\|_{H^1}^2+\|f_2\|_{H^1})$$

得证。

定理 2.3 说明，当 $\gamma<1$ 时，解在平衡位置 $u=0$ 附近关于初值稳定。实际上，由命题 2.1 中的(2.40)式知，在 $E>0$ 的附加条件下，当 $\gamma=0$ 时，解在平衡位置 $u=0$ 关于初值条件也是稳定的。从而有

推论 2.1 条件同定理 2.2。如果 $E>0$，则当 $\gamma\leqslant 1$ 时，边值问题(2.33)的解在平衡位置 $u=0$ 附近关于初值稳定。

当 $\gamma>1$ 时，在一般情况下，弦线系统的静平衡位置不再是系统的运动稳定位置。对于线性问题，平衡点集在 $\gamma=0$ 出现分岔。对于非线性问题，数值计算表明，在 γ 大于 1 时，弹性弦线系统方程(2.27)的数值计算常常是发散的。而当 $\gamma\gg 1$ 时，运动弦线平衡位置偏离静平衡位置，而且不再稳定。这一点在第三章和第五章的例子中得到验证。

定理 2.2 的另一个应用是检验数值结果的精度。这一点在下一节的例子中将用到。

不变量的性质和结论可以推广到轴向运动简支梁的模型。考虑将 Kirchhoff 模型推广到轴向运动简支梁的运动方程的无量纲形式

$$\frac{\partial^2 u}{\partial t^2}+2\gamma\frac{\partial^2 u}{\partial t\partial x}+(\gamma^2-1)\frac{\partial^2 u}{\partial x^2}+v_f^2\frac{\partial^4 u}{\partial x^4}=\frac{v_T^2}{2}\frac{\partial^2 u}{\partial x^2}\int_0^1\left(\frac{\partial u}{\partial x}\right)^2\mathrm{d}x \quad (2.50)$$

它的齐次边界条件为

$$u(t,0)=u(t,1)=0,\quad \frac{\partial^2 u}{\partial x^2}(t,0)=\frac{\partial^2 u}{\partial x^2}(t,1)=0 \quad (2.51)$$

定理 2.4 设函数 $u(t,x)$ 是方程(2.50)的满足齐次边界条件(2.51)的解，则

$$S_1(u)=\int_0^1\left[\left(\frac{\partial u}{\partial t}\right)^2+(1-\gamma^2)\left(\frac{\partial u}{\partial x}\right)^2+v_f^2\left(\frac{\partial^2 u}{\partial x^2}\right)^2\right]\mathrm{d}x+\frac{E}{4}\left(\int_0^1\left(\frac{\partial u}{\partial x}\right)^2\mathrm{d}x\right)^2=const \quad (2.52)$$

证明：记

$$G_1(t)=\int_0^1\left[\left(\frac{\partial u}{\partial t}\right)^2+(1-\gamma^2)\left(\frac{\partial u}{\partial x}\right)^2+v_f^2\left(\frac{\partial^2 u}{\partial x^2}\right)^2\right]\mathrm{d}x+\frac{E}{4}\left(\int_0^1\left(\frac{\partial u}{\partial x}\right)^2\mathrm{d}x\right)^2 \quad (2.53)$$

对 G_1 求导得到

$$\frac{\mathrm{d}G_1}{\mathrm{d}t}=2\int_0^1\frac{\partial u}{\partial t}\frac{\partial^2 u}{\partial t^2}\mathrm{d}x+2(1-\gamma^2)\int_0^1\frac{\partial u}{\partial x}\frac{\partial^2 u}{\partial t\partial x}\mathrm{d}x+$$

$$\int_0^1 2v_f^2\frac{\partial^2 u}{\partial x^2}\frac{\partial^3 u}{\partial t\partial x^2}\mathrm{d}x+E\int_0^1\left(\frac{\partial u}{\partial x}\right)^2\mathrm{d}x\int_0^1\frac{\partial u}{\partial x}\frac{\partial^2 u}{\partial x\partial t}\mathrm{d}x \quad (2.54)$$

类似于定理 2.2 的推导利用分部积分和齐次边界条件得到

$$\int_0^1\frac{\partial u}{\partial x}\frac{\partial^2 u}{\partial t\partial x}\mathrm{d}x=-\int_0^1\frac{\partial u}{\partial t}\frac{\partial^2 u}{\partial x^2}\mathrm{d}x \quad (2.55)$$

$$\int_0^1\frac{\partial u}{\partial t}\frac{\partial^2 u}{\partial t\partial x}\mathrm{d}x=0 \quad (2.56)$$

$$\int_0^1\frac{\partial^2 u}{\partial x^2}\frac{\partial^3 u}{\partial t\partial x^2}\mathrm{d}x=\frac{\partial^2 u}{\partial x^2}\frac{\partial^2 u}{\partial t\partial x}\Big|_{x=0}^{x=1}-\int_0^1\frac{\partial^2 u}{\partial t\partial x}\frac{\partial^3 u}{\partial x^3}\mathrm{d}x$$

$$=-\frac{\partial u}{\partial t}\frac{\partial^3 u}{\partial x^3}\Big|_{x=0}^{x=1}+\int_0^1\frac{\partial u}{\partial t}\frac{\partial^4 u}{\partial x^4}\mathrm{d}x$$

$$=\int_0^1\frac{\partial u}{\partial t}\frac{\partial^4 u}{\partial x^4}\mathrm{d}x \quad (2.57)$$

将式(2.55)-(2.57)代入式(2.54)得到

$$\frac{\mathrm{d}G_1}{\mathrm{d}t}=2\int_0^1\frac{\partial u}{\partial t}\Big(\frac{\partial^2 u}{\partial t^2}+2\gamma\frac{\partial^2 u}{\partial t\partial x}+(\gamma^2-1)\frac{\partial^2 u}{\partial x^2}+$$

$$v_f^2\frac{\partial^4 u}{\partial x^4}-\frac{E}{2}\int_0^1\left(\frac{\partial u}{\partial x}\right)^2\mathrm{d}x\frac{\partial^2 u}{\partial x^2}\Big)\mathrm{d}x=0 \quad (2.58)$$

即 $G_1(t)\equiv const$。证毕。

定理 2.5 条件同定理 2.4,设方程的初始条件为

$$u(0,x)=f_1(x),\quad \frac{\partial u}{\partial t}(0,x)=f_2(x) \quad (2.59)$$

并记 $F=[f_1\quad f_2]^{\mathrm{T}}$，若 $F\in C^2([0,1])$，则当 $\gamma<1$ 时，方程(2.50)满足齐次边界条件(2.51)的解 $u(t,x)$ 满足

$$\|u(t,x)\|_{H^2}\leqslant M(\|f_1\|_{H^2}+\|f_1\|_{H^1}^2+\|f_2\|_{H^1}),\ 0<t<+\infty \tag{2.60}$$

其中范数的定义为

$$\|f\|_{H^2}=\left\{\int_0^1[f^2(x)+f'^2(x)+f''^2(x)]\mathrm{d}x\right\}^{1/2}$$

如果限制 $\|f_1\|_{H^2}\leqslant A$，其中 A 是与 F 无关的常数，则

$$\|u(t,x)\|_{H^2}\leqslant M\|F\|_{H^2} \tag{2.61}$$

证明：由定理 2.4，G_1 可以写成与时间 t 无关的 u 的泛函

$$\begin{aligned}G_1(u)&=\int_0^1\left[\left(\frac{\partial u}{\partial t}\right)^2+(1-\gamma^2)\left(\frac{\partial u}{\partial x}\right)^2+v_f^2\left(\frac{\partial^2 u}{\partial x^2}\right)^2\right]\mathrm{d}x+\frac{E}{4}\left(\int_0^1\left(\frac{\partial u}{\partial x}\right)^2\mathrm{d}x\right)^2\\&=\int_0^1[(f_2(x))^2+(1-\gamma^2)(f_1'(x))^2+v_f^2(f_1''(x))^2]\mathrm{d}x+\\&\quad\frac{E}{4}\left(\int_0^1(f_1'(x))^2\mathrm{d}x\right)^2\end{aligned} \tag{2.62}$$

利用齐次边界条件 $f_1(0)=f_1(1)=0$，$f_2(0)=f_2(1)=0$ 和 Holder 不等式得

$$\int_0^1 u(t,x)^2\mathrm{d}x=\int_0^1\left[\int_0^x\frac{\partial u}{\partial x}\mathrm{d}x\right]^2\mathrm{d}x\leqslant\int_0^1\left[x\int_0^x\left(\frac{\partial u}{\partial x}\right)^2\mathrm{d}x\right]\mathrm{d}x\leqslant\frac{1}{2}\int_0^1\left(\frac{\partial u}{\partial x}\right)^2\mathrm{d}x \tag{2.63}$$

从而

$$\|u(t,x)\|_{H^2}^2=\int_0^1\left[u^2+\left(\frac{\partial u}{\partial x}\right)^2+\left(\frac{\partial^2 u}{\partial x^2}\right)^2\right]\mathrm{d}x$$

$$\leqslant \left[\int_0^1 \frac{3}{2}\left(\frac{\partial u}{\partial x}\right)^2 \mathrm{d}x + \int_0^1 \left(\frac{\partial^2 u}{\partial x^2}\right)^2 \mathrm{d}x\right]$$

$$\leqslant M_1 \int_0^1 \left[\left(\frac{\partial u}{\partial t}\right)^2 + (1-\gamma^2)\left(\frac{\partial u}{\partial x}\right)^2 + v_f^2\left(\frac{\partial^2 u}{\partial x^2}\right)^2\right]\mathrm{d}x +$$

$$\frac{E}{4}\left(\int_0^1 \left(\frac{\partial u}{\partial x}\right)^2 \mathrm{d}x\right)$$

$$= M_1 \int_0^1 [(f_2(x))^2 + (1-\gamma^2)(f_1'(x))^2 +$$

$$v_f^2(f_1''(x))^2]\mathrm{d}x + \frac{E}{4}\left(\int_0^1 (f_1'(x))^2 \mathrm{d}x\right) \tag{2.64}$$

其中

$$M_1 = \max\left\{\frac{3}{2(1-r^2)},\ \frac{1}{v_f^2}\right\}$$

由(2.64)式知,存在常数 $M > 0$ 满足

$$\| u(t,\ x) \|_{H^2} \leqslant M(\| f_1 \|_{H^2} + \| f_1 \|_{H^1}^2 + \| f_2 \|_{H^1}) \tag{2.65}$$

证毕。

推论 2.2 当 $\gamma \leqslant 1 \wedge E > 0$ 时,边值问题(2.50)(2.51)的解在平衡位置 $u = 0$ 附近关于初值稳定。

证明: 当 $\gamma < 1$ 时,结论由定理 2.5 得到。当 $\gamma = 1$ 时,由于

$$G_1(u) = \int_0^1 \left[\left(\frac{\partial u}{\partial t}\right)^2 + (1-\gamma^2)\left(\frac{\partial u}{\partial x}\right)^2 + v_f^2\left(\frac{\partial^2 u}{\partial x^2}\right)^2\right]\mathrm{d}x +$$

$$\frac{E}{4}\left(\int_0^1 \left(\frac{\partial u}{\partial x}\right)^2 \mathrm{d}x\right)^2$$

$$\geqslant \left\| \frac{\partial u}{\partial t} \right\|_2^2 + \frac{E}{4}\left\| \frac{\partial u}{\partial x} \right\|_2^4 \tag{2.66}$$

以及

$$G_1(u) = G_1(u_0)$$

$$= \int_0^1 [(f_2(x))^2 + (1-\gamma^2)(f_1'(x))^2 + v_f^2(f_1''(x))^2]\mathrm{d}x + \frac{E}{4}\left(\int_0^1 (f_1'(x))^2 \mathrm{d}x\right)^2 \tag{2.67}$$

即得。

推论 2.2 说明，与线性模型不同，当 v_f 和 E 大于 0 时，模型的稳定性要好于线性模型。

下面考虑第三种弹性梁模型

$$\frac{\partial^2 u}{\partial t^2} + 2\gamma \frac{\partial^2 u}{\partial t \partial x} + (\gamma^2 - 1)\frac{\partial^2 u}{\partial x^2} + v_f^2 \frac{\partial^4 u}{\partial x^4} = \frac{3E}{2}\left(\frac{\partial u}{\partial x}\right)^2 \frac{\partial^2 u}{\partial x^2} \tag{2.68a}$$

$$u(t, 0) = u(t, 1) = 0, \quad \frac{\partial^2 u}{\partial x^2}(t, 0) = \frac{\partial^2 u}{\partial x^2}(t, 1) = 0 \tag{2.68b}$$

当抗弯强度为 0 时，它是 Mote 的非线性轴向运动弦线的横向振动模型的无量纲形式。Chen 和 Zu 对这种运动弦线模型的能量和守恒量作了深刻的研究。下面引入 Chen 和 Zu 的有关定理

定理 2.6[103]　设函数 $u(t, x)$ 是方程(2.68a)和齐次边界条件(2.68b)的解，则

$$S_2(u) = \int_0^1 \left[\left(\frac{\partial u}{\partial t}\right)^2 + (1-\gamma^2)\left(\frac{\partial u}{\partial x}\right)^2 + v_f^2\left(\frac{\partial^2 u}{\partial x^2}\right)^2 + \frac{E}{4}\left(\frac{\partial u}{\partial x}\right)^4\right]\mathrm{d}x = const \tag{2.69}$$

利用上述定理，可以得到下面的结论

定理 2.7　条件同定理 2.6，设方程的初始条件为

$$u(0, x) = f_1(x), \quad \frac{\partial u}{\partial t}(0, x) = f_2(x) \tag{2.70}$$

并记 $F=[f_1 \quad f_2]^{\mathrm{T}}$，则当 $\gamma<1$ 时，方程(2.68)的解 $u(t,x)$ 满足

$$\|u(t,x)\|_{H^2}\leqslant M(\|f_1\|_{H^2}+\|f_1\|_{H^1}^2+\|f_2\|_{H^1}),\ 0<t<+\infty \tag{2.71}$$

其中范数的定义为

$$\|f\|_{H^2}=\left\{\int_0^1[f^2(x)+f'^2(x)+f''^2(x)]\mathrm{d}x\right\}^{1/2}$$

如果限制 $\|f_1\|_{H^2}\leqslant A$，其中 A 是与 F 无关的常数，则

$$\|u(t,x)\|_{H^2}\leqslant M_1\|F\|_{H^2} \tag{2.72}$$

证明：注意到

$$\int_0^1\left(\frac{\partial u}{\partial x}\right)^4\mathrm{d}x\leqslant\left[\int_0^1\left(\frac{\partial u}{\partial x}\right)^2\mathrm{d}x\right]^2$$

其他推导过程与定理 2.5 完全一致，略。

类似于推论 2.1 和推论 2.2 有以下结论

推论 2.3 条件同定理 2.7 且 $\gamma\leqslant1\wedge E>0$，则下述结论成立

(1) 算子

$$S_2(u)=\int_0^1\left[\left(\frac{\partial u}{\partial t}\right)^2+(1-\gamma^2)\left(\frac{\partial u}{\partial x}\right)^2+v_f^2\left(\frac{\partial^2 u}{\partial x^2}\right)^2+\frac{E}{4}\left(\frac{\partial u}{\partial x}\right)^4\right]\mathrm{d}x$$

是方程(2.68)的解空间上的连续有界正定算子。

(2) 方程(2.68)的初值问题稳定。

证明与推论 2.1 和 2.2 完全类似，略。

利用定理 2.6 和定理 2.7 还可以得到以下的推论：

推论 2.4[89] 设函数 $u(t,x)$ 是非线性轴向运动弦线横向振动方程

$$\frac{\partial^2 u}{\partial t^2}+2\gamma\frac{\partial^2 u}{\partial t\partial x}+(\gamma^2-1)\frac{\partial^2 u}{\partial x^2}=\frac{3E}{2}\left(\frac{\partial u}{\partial x}\right)^2\frac{\partial^2 u}{\partial x^2} \tag{2.73}$$

的满足齐次边界条件 $u(t, 0)=u(t, 1)=0$ 的解,则

$$\int_0^1\left[\left(\frac{\partial u}{\partial t}\right)^2+(1-\gamma^2)\left(\frac{\partial u}{\partial x}\right)^2+\frac{E}{4}\left(\frac{\partial u}{\partial x}\right)^4\right]\mathrm{d}x=const$$

推论 2.5 当 $\gamma\leqslant 1$ 且 $E>0$ 时,非线性轴向运动弦线横向振动方程满足齐次边界条件的零解是稳定的。

推论 2.4 和推论 2.5 可以通过在定理 2.6 和定理 2.7 中令 $v_f=0$ 得到。

注意到轴向运动弦线横向振动的控制方程的零解实际上是运动弦线在静平衡状态下的解。本节中的有关稳定性定理说明当 $\gamma\leqslant 1$ 时,运动弦线的振动是以静平衡状态为振动中心的稳定的振动。当 $\gamma>1$ 时,运动弦线的动平衡位置一般不再是静平衡状态的位置而是发生了偏移。而且动平衡也常常是不稳定的,但稳定性优于线性模型。有关的例子在第三章和第五章给出。

2.6 临界速度附近和超临界速度轴向运动弦线的运动稳定性

由上一节的结论知,当轴向运动弦线的无量纲速度 γ 小于或等于临界速度 1 时,非线性弦线的横向振动是以弦线的静平衡位置为平衡位置的稳定的振动。下面利用数值分析的方法研究当 γ 超过临界速度 1 时轴向运动弦线运动过程的稳定性。具体的数值方法和数值结果的精度分析在下一节讨论。

下面的两个图给出运动弦线在临界速度 $\gamma=1$ 附近振动状态变化的描述。在图中取 $E=5$,利用 8 阶 Galerkin 截断方程组作数值计算。初始条件取

$$u(0, x)=0.1x(1-x)\qquad \frac{\partial u}{\partial t}(0, x)=0$$

图 2.2 中的 4 个子图给出了 Kirchhoff 模型在 $x=1/2$ 处不同速度下

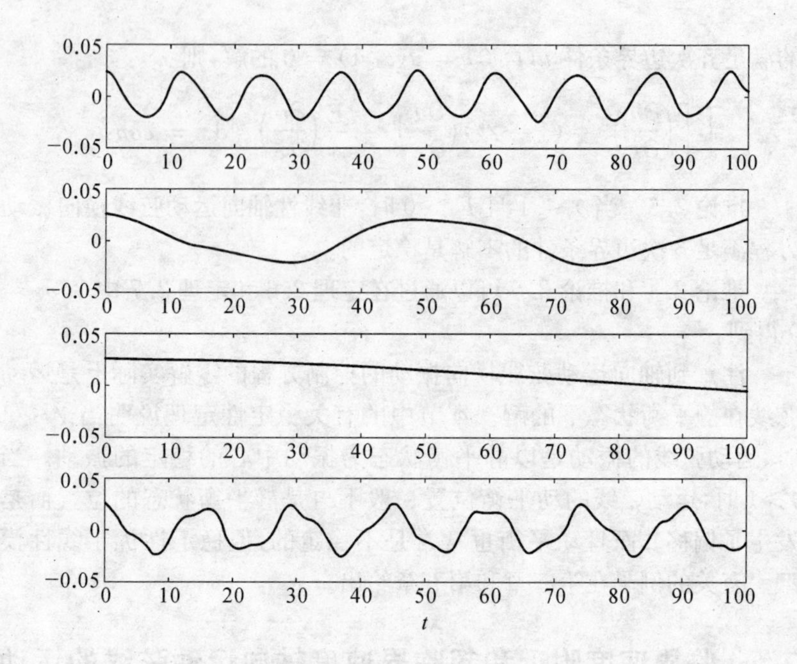

图 2.2　轴向运动弦线 Kirchhoff 模型的横向振动与速度的关系

$E=1,\ m=8$

上图：$\gamma=0.6$，上中图：$\gamma=0.9$，下中图：$\gamma=1$，下图：$\gamma=1.1$

的轴向运动弦线的振动曲线，图 2.3 中的 4 个子图给出了 Mote 的模型在不同速度下轴向运动弦线在 $x=1/2$ 处的振动曲线。以图 2.3 为例，上图是 $\gamma=0.6$ 的情况。数值实验表明，在 $\gamma<1$ 时，弦线的振动曲线是比较规则的，随着 γ 的增加频率降低。当 γ 逐渐接近 1 时，振动频率变得很慢。当 γ 大于 1 时，弦线的振动突然振幅增大，频率加快，振动也变得不规则。这里的下图给出 $\gamma=1.1$ 的情况。当 $\gamma>1.2$ 时计算结果出现发散，因此无法分析当轴向运动速度很大时运动弦线的振动规律。关于高速运动的轴向运动弦线的参数振动和稳定性分析，我们在第五章采用其他方法对黏弹性模型分析，而把 Mote 模型作为特例。

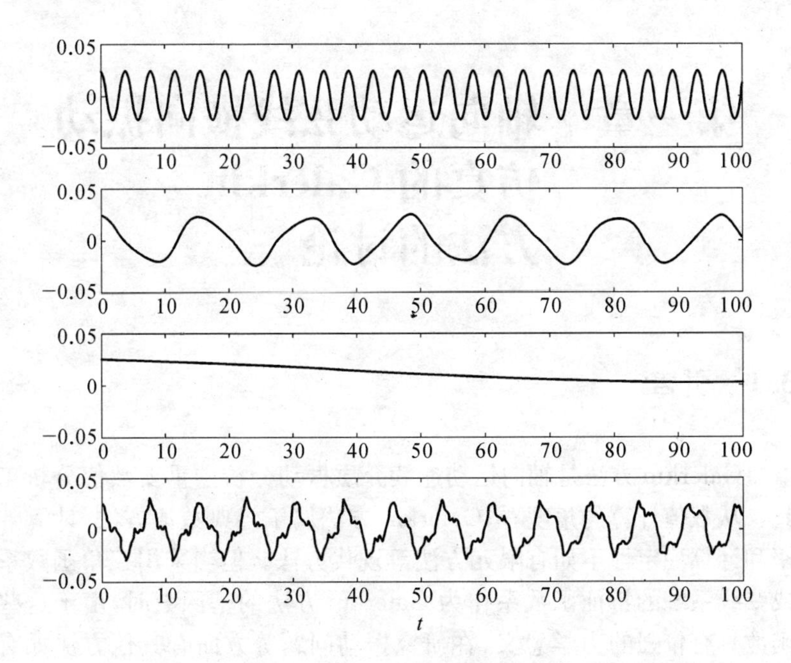

图 2.3　轴向运动弦线 Mote 模型的横向振动与速度的关系

$E=1, m=8, x=1/2$

上图：$\gamma=0.6$，上中图：$\gamma=0.9$，下中图：$\gamma=1.0$，下图：$\gamma=1.1$

第三章　轴向运动弦线横向振动仿真的 Galerkin 方法的讨论

3.1　引言

Galerkin 方法是轴向运动连续介质振动分析的重要数值分析工具。从数值计算的角度看，Galerkin 方法属于经典数值方法，计算效率和计算稳定性不如有限元方法等现代方法。但当采用三角函数系或弦线系统的特征函数系作为 Galerkin 方法的基函数时，由于这些函数具有较强的力学意义，在研究振动问题等方面有其他方法如有限元法等不能比拟的优点。因此目前 Galerkin 方法仍然是弦线振动研究的主要工具之一。从文献的数量看，Galerkin 方法是研究弦线振动应用最多的数值方法。

多年来，大量的文献利用 Galerkin 方法分析了运动弦线的横向振动问题，Chen 的综述文章对此有系统的介绍[13]。但利用高阶 Galerkin 方法的一个困难在于它生成的非线性常微分方程组的系数的确定，另外如何判断 Galerkin 方法的计算精度也是一个重要的问题。本章对这两方面的问题分别进行了讨论。首先，针对非线性运动弦线的高阶 Galerkin 截断方程组的系数计算问题，提出了方程组系数的新的组合方法，通过组合，把相同的系数合并，去掉零系数，达到简化计算的目的，并可以利用计算机生成相关的系数。其次，本章利用第二章提出的守恒量给出了一种计算精度的估计方法，并利用给出的方法讨论了 Galerkin 方法的计算精度问题。

考虑 Mote 等给出的轴向运动弦线的横向振动的动力学方程的无量纲形式

$$\frac{\partial^2 u}{\partial t^2}+2\gamma\frac{\partial^2 u}{\partial t\partial x}+(\gamma^2-1)\frac{\partial^2 u}{\partial x^2}=\frac{\partial}{\partial x}\left(\sigma\frac{\partial u}{\partial x}\right) \tag{3.1}$$

$$u(t,\ 0)=u(t,\ 1)=0 \tag{3.2}$$

它是应用最为普遍的模型之一。本节首先以这一模型为例展开讨论,再将相应的方法向其他模型推广。

定义内积

$$<f,\ g>=\int_0^1 f(x)g(x)\mathrm{d}x \tag{3.3}$$

Galerkin 方法的基本思想为,将方程(3.1)(3.2)的解空间完备化为 Hilbert 空间 H。给出 H 中的一个完备的正交函数系

$$\{\varphi_i(x)\mid i\in \mathbf{Z}^{+}\} \tag{3.4}$$

则方程(3.1)(3.2)的解可以在时刻 t 作 Fourier 展开为

$$u(t,\ x)=\sum_{i=0}^{\infty}\alpha_i(t)\varphi_i(x) \tag{3.5}$$

这里 t 可以看作参数。将待定解(3.5)代入方程(3.1),由变分学基本定理知,方程的边值问题(3.1)(3.2)与下面的方程组同解

$$<Lu,\ \varphi_i>=0 \qquad i\in \mathbf{Z}^{+} \tag{3.6}$$

这里 L 是下述微分算子

$$L=\frac{\partial^2}{\partial t^2}+2\gamma\frac{\partial^2}{\partial t\partial x}+(\gamma^2-1)\frac{\partial^2}{\partial x^2}=\frac{\partial}{\partial x}\left(\sigma^*\ \frac{\partial}{\partial x}\right) \tag{3.7}$$

在(3.7)式中 σ^* 是由本构关系确定的微分算子。如对于线性弹性本构关系和 Lagrange 应变-位移关系有

$$\sigma^{*}=\frac{E}{2}\left(\frac{\partial}{\partial x}\right)^{2}$$

方程组(3.6)是以 t 为自变量的无穷维的非线性常微分方程组。根据迪里赫里定理,对于分段连续函数,其解展成的三角级数收敛。因此可以取解的展开式的前有限项组成的近似函数

$$u_{N}(t, x)=\sum_{i=0}^{N} \alpha_{i}(t) \varphi_{i}(x) \tag{3.8}$$

作为近似解代入(3.6)式得到有限维的常微分方程组

$$< L u_{h}, \varphi_{i} >=0 \qquad i=0,1, \cdots, N \tag{3.9}$$

由方程(3.9)解得 $\{\alpha_{0}(t), \alpha_{1}(t), \cdots, \alpha_{N}(t)\}$ 代入(3.8)式即得到方程的近似解。

函数系 $\{\varphi_{i}(x) \mid i \in \boldsymbol{Z}^{+}\}$ 有多种不同的取法。如果从纯粹数值计算的角度考虑,需要选择支集小的函数系如有限元试探函数等。这样得到的微分方程系数矩阵稀疏且对角占优,计算简单可靠。但有限元试探函数系中的函数没有明显的力学意义,不利于对弦线系统进行振动分析。从对弦线系统的振动分析的角度考虑,函数系一般选择力学意义较强的函数,通常选择三角函数系和行波函数系。

目前已有许多文献利用基于三角函数系的 Galerkin 方法分析轴向运动弦线的横向振动,与行波函数法比较,基于三角函数系的 Galerkin 方法生成的常微分方程组的系数容易确定,不需要大量的数值积分运算,因而有更广泛的应用。但非线性项的系数目前需要人工计算,对 m 阶截断,非线性项共有 m^{4} 个系数,因此,利用高阶 Galerkin 方法系数的计算量较大。通过分析,我们发现在这 m^{4} 个不同的系数中有很多是重复项,并有大量的零。本文通过对这些系数的重新组合和计数,去掉了零项,合并了重复项,给出了公式系数的计算结果。这样使得高阶 Galerkin 方法的系数可以利用计算机编程简单地计算,大大方便了高阶 Galerkin 方法的应用。

由于边界条件的限制，三角级数展开式的余弦项系数为零，故三角函数系可以取为正弦函数系

$$\{\sin(k\pi x) \mid k = 1, 2, \cdots\} \tag{3.10}$$

对于正弦函数系(3.10)，利用三角函数基的正交性，容易计算出微分方程组(3.9)的线性部分的系数

$$<\varphi_i, \varphi_j>=\begin{cases} 0 & i \neq j \\ \dfrac{1}{2} & i = j \end{cases} \quad i, j = 1, 2, \cdots \tag{3.11}$$

$$\begin{aligned}
<\varphi'_i, \varphi_j> &= i\pi\int_0^1 \cos(i\pi x)\sin(j\pi x)\mathrm{d}x \\
&= \frac{i\pi}{2}\int_0^1 \{\sin(j+i)\pi x + \sin(j-i)\pi x\}\mathrm{d}x \\
&= \begin{cases} \dfrac{i}{2}\left\{\dfrac{1-(-1)^{j+i}}{j+i} + \dfrac{1-(-1)^{j-i}}{j-i}\right\} \\ 0 \end{cases} \\
&= \begin{cases} \dfrac{ij}{j^2-i^2}\{1-(-1)^{i+j}\} & i \neq j \\ 0 & i = j \end{cases} \\
&= \begin{cases} \dfrac{2ij}{j^2-i^2} & j+i = 2k+1 \wedge i \neq j \\ 0 & otherwise \end{cases}
\end{aligned} \tag{3.12}$$

$$<\varphi''_i, \varphi_j>=\begin{cases} 0 & i \neq j \\ -\dfrac{(i\pi)^2}{2} & i = j \end{cases} \quad i, j = 1, 2, \cdots \tag{3.13}$$

由(3.12)式可以看出，方程的线性部分的离散方程组的系数矩阵不是稀疏的，而且当 Galerkin 方法的阶较高时，方程组的条件数变得很大，因此，对于高阶 Galerkin 方法，离散后的常微分方程组常常是病态的。

离散方程组的非线性部分的系数是三阶张量，计算比较复杂且项数较多，这一部分的化简是本章的主要内容之一。下面分别对弹性本构和黏弹性本构的情况进行分析。

3.2 弹性本构运动弦线的 Galerkin 截断方程组的系数计算方法

3.2.1 一般形式

对于有限范围小伸展的弦线，弹性本构的应力与位移的关系模型化为[30]

$$\sigma = \frac{E}{2}\left(\frac{\partial u}{\partial x}\right)^2 \tag{3.14}$$

将级数解

$$u(t, x) = \sum_{k=1}^{\infty} \alpha_k(t)\sin(k\pi x) \tag{3.15}$$

和(3.14)式代入(3.6)式得到

$$\begin{aligned} < Lu, \varphi_n > = & \sum_{i=1}^{\infty} \alpha''_i(t) < \varphi_i, \varphi_n > + 2\gamma \sum_{i=1}^{\infty} \alpha'_i(t) < \varphi'_i, \varphi_n > + \\ & (\gamma^2 - 1)\sum_{i=1}^{\infty} \alpha_i(t) < \varphi''_i, \varphi_n > - \\ & \frac{3E}{2}\sum_{i=1}^{\infty}\sum_{j=1}^{\infty}\sum_{k=1}^{\infty} \alpha_i \alpha_j \alpha_k \int_0^1 \varphi'_i(x)\varphi'_j(x)\varphi''_k(x)\varphi_n(x)\mathrm{d}x \\ = & 0 \end{aligned} \tag{3.16}$$

利用(3.11)(3.12)(3.13)和(3.16)得到常微分方程组

$$\frac{\alpha''_n(t)}{2} + 4\gamma \sum_{i+n=odd} \frac{n\, i}{n^2 - i^2}\alpha'_i(t) + (1-\gamma^2)\frac{(n\pi)^2}{2}\alpha_n$$

$$= \frac{3E}{2}\sum_{i=1}^{\infty}\sum_{j=1}^{\infty}\sum_{k=1}^{\infty}\alpha_i\alpha_j\alpha_k\int_0^1\varphi_i'(x)\varphi_j'(x)\varphi_k''(x)\varphi_n(x)\mathrm{d}x \quad (3.17)$$

$$n = 1, 2, \cdots$$

方程组(3.17)的右端是一个复杂的非线性和式，利用 Galerkin 方法将其截断，仍然需要计算方程右端大量的积分项。下面利用对和式重新组合来消去零项并合并相同的项，从而化简(3.17)式，并给出(3.17)式的右端的积分的解析结果。首先利用分部积分将(3.17)式右端改写为

$$\frac{3E}{2}\sum_{i=1}^{\infty}\sum_{j=1}^{\infty}\sum_{k=1}^{\infty}\alpha_i\alpha_j\alpha_k\int_0^1\varphi_i'(x)\varphi_j'(x)\varphi_k''(x)\varphi_n(x)\mathrm{d}x$$

$$= \frac{3E}{2}\int_0^1\Big(\sum_{i=1}^{\infty}\alpha_i(t)\varphi_i'\Big)^2\Big(\sum_{i=1}^{\infty}\alpha_i(t)\varphi_i''(x)\Big)\varphi_n(x)\mathrm{d}x$$

$$= \frac{E}{2}\int_0^1\varphi_n(x)\mathrm{d}\Big(\sum_{i=1}^{\infty}\alpha_i(t)\varphi_i'(x)\Big)^3$$

$$= \frac{E}{2}\varphi_n(x)\Big(\sum_{i=1}^{\infty}\alpha_i(t)\varphi_i'(x)\Big)^3\Big|_0^1 -$$

$$\frac{E}{2}\int_0^1\Big(\sum_{i=1}^{\infty}\alpha_i(t)\varphi_i'(x)\Big)^3\varphi_n'(x)\mathrm{d}x$$

$$= -\frac{E}{2}\sum_{i=1}^{\infty}\sum_{j=1}^{\infty}\sum_{k=1}^{\infty}\alpha_i(t)\alpha_j(t)\alpha_k(t)$$

$$\int_0^1\varphi_i'(x)\varphi_j'(x)\varphi_k'(x)\varphi_n'(x)\mathrm{d}x \quad (3.18)$$

因此，问题归结为下面系数的计算

$$d_{ijkn} = \int_0^1\varphi_i'(x)\varphi_j'(x)\varphi_k'(x)\varphi_n'(x)\mathrm{d}x \quad i, j, k, n \in \mathbf{Z}^+$$

注意到

$$
\begin{aligned}
\int_0^1 \varphi_i'\varphi_j'\varphi_k'\varphi_n'\mathrm{d}x &= ijkn\pi^4\int_0^1 \cos(i\pi x)\cos(j\pi x)\cos(k\pi x)\cos(n\pi x)\mathrm{d}x \\
&= \frac{ijkn\pi^4}{4}\int_0^1 [\cos((i+j)\pi x)+\cos((i-j)\pi x)] \\
&\quad [\cos((k+n)\pi x)+\cos((k-n)\pi x)]\mathrm{d}x \\
&= \frac{ijkn\pi^4}{4}\int_0^1 [\cos((i+j)\pi x)\cos((k+n)\pi x)+ \\
&\quad \cos((i+j)\pi x)\cos((k-n)\pi x)+ \\
&\quad \cos((i-j)\pi x)\cos((k+n)\pi x)+ \\
&\quad \cos((i-j)\pi x)\cos((k-n)\pi x)]\mathrm{d}x
\end{aligned} \tag{3.19}
$$

因此(3.19)式的值不等于 0 归结为下面几种情况

(1) $i+j=k+n$

(2) $i+j=k-n \vee i+j=n-k$

(3) $i-j=k+n \vee i-j=-(k+n)$

(4) $i-j=k-n \vee i-j=n-k$

当 $i+j=k+n$ 时,(3.19)式中的积分值是 1/2。因此

$$
\begin{aligned}
& -\frac{E}{2}\sum_{i+j=k+n}\frac{ijkn\pi^4}{4}\alpha_i\alpha_j\alpha_k\int_0^1 \cos((i+j)\pi x)^2\mathrm{d}x \\
&= -\frac{E}{2}\sum_{T=n+1}^{\infty}\frac{n(T-n)\pi^4}{8}\left[\alpha_{T-n}\sum_{i=1}^{T-1} i(T-i)(\alpha_i\alpha_{T-i})\right] \\
&= -\frac{nE\pi^4}{16}\sum_{T=n+1}^{\infty}\left[(T-n)\alpha_{T-n}\sum_{i=1}^{T-1} i(T-i)(\alpha_i\alpha_{T-i})\right]
\end{aligned} \tag{3.20}
$$

当 $i-j=k-n \vee i-j=n-k$ 时,由对称性得到

$$
-\frac{E}{2}\sum_{\substack{i-j=k-n\\ i-j=n-k}}\frac{ijkn\pi^4}{4}\alpha_i\alpha_j\alpha_k\int_0^1 \cos((i-j)\pi x)^2\mathrm{d}x
$$

$$=-\frac{nE\pi^4}{8}\left\{\sum_{\substack{i-j=k-n\\k=n}}+2\sum_{\substack{i-j=k-n\\k\neq n}}\right\}$$

$$=-\frac{nE\pi^4}{8}\sum_{j+k=i+n}ijk\alpha_i\alpha_j\alpha_k$$

$$=-\frac{nE\pi^4}{8}\sum_{T=n+1}^{\infty}\left\{(T-n)\alpha_{T-n}\sum_{i=1}^{T-1}i(T-i)\alpha_i\alpha_{T-i}\right\}$$

$$=-\frac{E}{2}\sum_{j+k=i+n}\frac{ijkn\pi^4}{4}\alpha_i\alpha_j\alpha_k\int_0^1\cos((i-j)\pi x)^2\mathrm{d}x \quad (3.21)$$

当 $i+j=k-n \vee i+j=n-k$ 时，由于两部分不对称，分别计算得到

$$-\frac{E}{2}\sum_{i+j=k-n}\frac{ijkn\pi^4}{4}\alpha_i\alpha_j\alpha_k\int_0^1\cos((i+j)\pi x)^2\mathrm{d}x$$

$$=-\frac{nE\pi^4}{16}\sum_{T=2}^{\infty}\left\{(T-n)\alpha_{T-n}\sum_{i=1}^{T-1}i(T-i)\alpha_i\alpha_{T-i}\right\} \quad (3.22)$$

$$-\frac{E}{2}\sum_{i+j=n-k}\frac{ijkn\pi^4}{4}\alpha_i\alpha_j\alpha_k\int_0^1[\cos((i+j)\pi x)]^2\mathrm{d}x$$

$$=-\frac{nE\pi^4}{16}\sum_{T=2}^{n-1}\left\{(n-T)\alpha_{n-T}\sum_{i=1}^{T-1}i(T-i)\alpha_i\alpha_{T-i}\right\} \quad (3.23)$$

当 $i-j=\pm(k+n)$ 时

$$-\frac{E}{2}\sum_{i-j=\pm(k+n)}\frac{ijkn\pi^4}{4}\alpha_i\alpha_j\alpha_k\int_0^1\cos((k+n)\pi x)^2\mathrm{d}x$$

$$=-E\sum_{j+k=i-n}\frac{ijkn\pi^4}{4}\alpha_i\alpha_j\alpha_k\int_0^1\cos((k+n)\pi x)^2\mathrm{d}x$$

$$=-\frac{\pi^4 nE}{8}\sum_{T=2}^{\infty}\left[(T+n)\alpha_{T+n}\sum_{i=1}^{T-1}i(T-i)\alpha_i\alpha_{T-i}\right] \quad (3.24)$$

对(3.21)-(3.24)求和得到

$$\frac{3E}{2}\int_0^1\Big(\sum_{i=1}^{\infty}\alpha_i(t)\varphi_i'\Big)^2\Big(\sum_{i=1}^{\infty}\alpha_i(t)\varphi_i''(x)\Big)\varphi_n(x)\mathrm{d}x$$

$$=-\frac{3nE\pi^4}{16}\Bigg\{\sum_{T=n+1}^{\infty}\Big[(T-n)\alpha_{T-n}\sum_{i=1}^{T-1}i(T-i)\alpha_i\alpha_{T-i}\Big]+$$

$$\sum_{T=2}^{\infty}\Big\{(T+n)\alpha_{T+n}\sum_{i=1}^{T-1}i(T-i)\alpha_i\alpha_{T-i}\Big\}\Bigg\}-$$

$$\frac{nE\pi^4}{16}\sum_{T=2}^{n-1}\Big\{(n-T)\alpha_{n-T}\sum_{i=1}^{T-1}i(T-i)\alpha_i\alpha_{T-i}\Big\} \tag{3.25}$$

把(3.25)式代入(3.18)式得

$$\alpha_n''(t)+4\gamma\sum_{i+n=odd}^{\infty}\frac{n\ i}{n^2-i^2}\alpha_i'(t)+(1-\gamma^2)\frac{(n\pi)^2}{2}\alpha_n$$

$$=-\frac{3\pi^4 nE}{16}\sum_{T=n+1}^{\infty}\Big[(T-n)\alpha_{T-n}\sum_{i=1}^{T-1}i(T-i)\alpha_i\alpha_{T-i}\Big]+$$

$$\sum_{T=2}^{\infty}\Big\{(T+n)\alpha_{T+n}\sum_{i=1}^{T-1}i(T-i)\alpha_i\alpha_{T-i}\Big\}-$$

$$\frac{nE\pi^4}{16}\sum_{T=2}^{n-1}\Big\{(n-T)\alpha_{n-T}\sum_{i=1}^{T-1}i(T-i)\alpha_i\alpha_{T-i}\Big\}$$

$$n=1,2,\cdots \tag{3.26}$$

上述和式中当求和的下限大于上限时该项为零。

方程组(3.26)是方程(3.16)的另一形式。与(3.16)不同的是，其中的非线性项系数已经解析表示出来，没有零系数项。由于同类项已经作了合并，总项数要少得多。

注：方程组(3.26)仍然有一组重复项。如当T为偶数时，

$$\sum_{i=1}^{T-1} i(T-i)\alpha_i\alpha_{T-i} = 2\sum_{i=1}^{(T-1)/2} i(T-i)\alpha_i\alpha_{T-i}$$

这一点可以在数值程序中解决。

方程组(3.26)对应的 m 阶 Galerkin 截断方程为

$$\alpha''_n(t) + 2\gamma \sum_{i+n=even}^{m} \frac{n\ i}{n^2-i^2}\alpha'_i(t) + (1-\gamma^2)\frac{(n\pi)^2}{2}\alpha_n$$

$$= -\frac{3\pi^4 nE}{16}\left\{\sum_{T=n+1}^{m+n}\left[(T-n)\alpha_{T-n}\sum_{i=\max(1,T-m)}^{\min(T-1,m)} i(T-i)\alpha_i\alpha_{T-i}\right]+\right.$$

$$\left.\sum_{T=2}^{m-n}\left[(n+T)\alpha_{(n+T)}\sum_{i=1}^{T-1} i(T-i)\alpha_i\alpha_{T-i}\right]\right\} -$$

$$\frac{nE\pi^4}{16}\sum_{T=2}^{n-1}\left\{(n-T)\alpha_{n-T}\sum_{i=1}^{T-1} i(T-i)\alpha_i\alpha_{T-i}\right\} \tag{3.27}$$

上述公式中的项数不到 m^2 项，远低于原式的 m^3 项，且系数已经给出，可以直接编程计算，不需要计算积分来确定。

例 3.1 对 $m=8$，利用公式(3.27)得到的方程的非线性右端如下

$$-\frac{3}{16}e\pi^4(\alpha_1^3 + 8\alpha_1\alpha_2^2 + 3\alpha_1^2\alpha_3 + 3\alpha_3(4\alpha_2^2 + 6\alpha_1\alpha_3) +$$

$$16\alpha_1\alpha_2\alpha_4 + 4\alpha_4(12\alpha_2\alpha_3 + 8\alpha_1\alpha_4) +$$

$$5\alpha_5(9\alpha_3^2 + 16\alpha_2\alpha_4 + 10\alpha_1\alpha_5) + 5(4\alpha_2^2 + 6\alpha_1\alpha_3)\alpha_5 +$$

$$6(12\alpha_2\alpha_3 + 8\alpha_1\alpha_4)\alpha_6 + 6\alpha_6(24\alpha_3\alpha_4 + 20\alpha_2\alpha_5 + 12\alpha_1\alpha_6) +$$

$$7(9\alpha_3^2 + 16\alpha_2\alpha_4 + 10\alpha_1\alpha_5)\alpha_7 +$$

$$7\alpha_7(16\alpha_4^2 + 30\alpha_3\alpha_5 + 24\alpha_2\alpha_6 + 14\alpha_1\alpha_7) +$$

$$8(24\alpha_3\alpha_4 + 20\alpha_2\alpha_5 + 12\alpha_1\alpha_6)\alpha_8) \tag{3.28\_1}$$

$$-\frac{3}{8}e\pi^4(4\alpha_1^2\alpha_2 + 2\alpha_2(4\alpha_2^2 + 6\alpha_1\alpha_3) + 4\alpha_1^2\alpha_4 +$$

$$3\alpha_3(12\alpha_2\alpha_3+8\alpha_1\alpha_4)+20\alpha_1\alpha_2\alpha_5+$$

$$4\alpha_4(9\alpha_3^2+16\alpha_2\alpha_4+10\alpha_1\alpha_5)+6(4\alpha_2^2+6\alpha_1\alpha_3)\alpha_6+$$

$$5\alpha_5(24\alpha_3\alpha_4+20\alpha_2\alpha_5+12\alpha_1\alpha_6)+$$

$$-7(12\alpha_2\alpha_3+8\alpha_1\alpha_4)\alpha_7+$$

$$6\alpha_6(16\alpha_4^2+30\alpha_3\alpha_5+24\alpha_2\alpha_6+14\alpha_1\alpha_7)+$$

$$8(9\alpha_3^2+16\alpha_2\alpha_4+10\alpha_1\alpha_5)\alpha_8) \tag{3.28\_2}$$

$$-\frac{3}{16}e\pi^4\alpha_1^3-\frac{9}{16}e\pi^4(\alpha_1(4\alpha_2^2+6\alpha_1\alpha_3)+$$

$$2\alpha_2(12\alpha_2\alpha_3+8\alpha_1\alpha_4)+5\alpha_1^2\alpha_5+24\alpha_1\alpha_2\alpha_6+$$

$$3\alpha_3(9\alpha_3^2+16\alpha_2\alpha_4+10\alpha_1\alpha_5)+$$

$$4\alpha_4(24\alpha_3\alpha_4+20\alpha_2\alpha_5+12\alpha_1\alpha_6)+7(4\alpha_2^2+6\alpha_1\alpha_3)\alpha_7+$$

$$-5\alpha_5(16\alpha_4^2+30\alpha_3\alpha_5+24\alpha_2\alpha_6+14\alpha_1\alpha_7)+$$

$$8(12\alpha_2\alpha_3+8\alpha_1\alpha_4)\alpha_8) \tag{3.28\_3}$$

$$-\frac{3}{2}e\pi^4\alpha_1^2\alpha_2-\frac{3}{4}e\pi^4(\alpha_1(12\alpha_2\alpha_3+8\alpha_1\alpha_4)+$$

$$2\alpha_2(9\alpha_3^2+16\alpha_2\alpha_4+10\alpha_1\alpha_5)+6\alpha_1^2\alpha_6+$$

$$3\alpha_3(24\alpha_3\alpha_4+20\alpha_2\alpha_5+12\alpha_1\alpha_6)+28\alpha_1\alpha_2\alpha_7+$$

$$4\alpha_4(16\alpha_4^2+30\alpha_3\alpha_5+24\alpha_2\alpha_6)+$$

$$14\alpha_1\alpha_7+8(4\alpha_2^2+6\alpha_1\alpha_3)\alpha_8) \tag{3.28\_4}$$

$$-\frac{5}{16}e\pi^4(8\alpha_1\alpha_2^2+3\alpha_1^2\alpha_3+\alpha_1(4\alpha_2^2+6\alpha_1\alpha_3))-$$

$$\frac{15}{16}e\pi^4(\alpha_1(9\alpha_3^2+16\alpha_2\alpha_4+10\alpha_1\alpha_5)+$$

$$2\alpha_2(24\alpha_3\alpha_4+20\alpha_2\alpha_5+12\alpha_1\alpha_6)+$$

$$7\alpha_1^2\alpha_7+3\alpha_3(16\alpha_4^2+30\alpha_3\alpha_5+$$

$$24\alpha_2\alpha_6+14\alpha_1\alpha_7)+32\alpha_1\alpha_2\alpha_8) \quad (3.28\_5)$$

$$\frac{3}{8}e\pi^4(12\alpha_1\alpha_2\alpha_3+2\alpha_2(4\alpha_2^2+6\alpha_1\alpha_3)+$$

$$4\alpha_1^2\alpha_4+\alpha_1(12\alpha_2\alpha_3+8\alpha_1\alpha_4))-$$

$$\frac{9}{8}e\pi^4(\alpha_1(24\alpha_3\alpha_4+20\alpha_2\alpha_5+12\alpha_1\alpha_6)+$$

$$2\alpha_2(16\alpha_4^2+30\alpha_3\alpha_5+24\alpha_2\alpha_6+14\alpha_1\alpha_7)+8\alpha_1^2\alpha_8) \quad (3.28\_6)$$

$$-\frac{7}{16}e\pi^4(3\alpha_3(4\alpha_2^2+6\alpha_1\alpha_3)+16\alpha\alpha_2\alpha_4+$$

$$2\alpha_2(12\alpha_2\alpha_3+8\alpha_1\alpha_4)+5\alpha_1^2\alpha_5+$$

$$\alpha_1(9\alpha_3^2+16\alpha_2\alpha_4+10\alpha_1\alpha_5))-$$

$$\frac{21}{16}e\pi^4\alpha_1(16\alpha_4^2+30\alpha_3\alpha_5+24\alpha_2\alpha_6+14\alpha_1\alpha_7) \quad (3.28\_7)$$

$$-\frac{1}{2}e\pi^4(4(4\alpha_2^2+6\alpha_1\alpha_3)\alpha_4+3\alpha_3(12\alpha_2\alpha_3+8\alpha_1\alpha_4)+$$

$$20\alpha_1\alpha_2\alpha_5+2\alpha_2(9\alpha_3^2+16\alpha_2\alpha_4+10\alpha_1\alpha_5)+$$

$$6\alpha_1^2\alpha_6+\alpha_1(24\alpha_3\alpha_4+20\alpha_2\alpha_5+12\alpha_1\alpha_6)) \quad (3.28\_8)$$

利用方程组(3.18)求解，当 $m=20$ 时，非线性项已经有 20^4 个，利用微机计算出截断后的常微分方程组的系数和求解这样的常微分方程组已很困难。但利用我们化简后的方程组(3.27)，计算要简单得多。在时间步长为 0.001 时，我们利用 PIV2.0 微型计算机计算了 $m=30$ 时 $0\leqslant t\leqslant 1\,000$ 的数值解，结果在(3.4)节的图 3.5 给出。

3.2.2 弹性本构弦线的非线性 Kirchhoff 模型

利用三角函数系的 Galerkin 截断对弹性弦线作动力学分析，需要处理具有大量积分项的非线性右端(3.17)。下述非线性 Kirchhoff 模型可以看作上一节讨论的模型的简化形式

$$\frac{\partial^2 u}{\partial t^2}+2\gamma\frac{\partial^2 u}{\partial t\partial x}+(\gamma^2-1)\frac{\partial^2 u}{\partial x^2}=\frac{E}{2}\frac{\partial^2 u}{\partial x^2}\int_0^1\left(\frac{\partial u}{\partial x}\right)^2\mathrm{d}x \quad (3.29)$$

它是将模型(2.3)中的应力 σ 利用在[0，1]区间上的平均值近似得到。对模型(3.29)和齐次边界条件，利用前面的推导过程可类似得到(3.29)的 Galerkin 截断方程组

$$\frac{\alpha_n''(t)}{2}+4\gamma\sum_{i+n=odd}^{\infty}\frac{n\ i}{n^2-i^2}\alpha_i'(t)+(1-\gamma^2)\frac{(n\pi)^2}{2}\alpha_n=-\frac{n^2E\pi^4}{8}\alpha_n\sum_{k=1}^{\infty}k^2\alpha_k^2 \quad (3.30)$$

这一方程比 Mote 模型的离散 Galerkin 方程要简单得多，但数值结果的差距较大，这一点从3.4节有关守恒量的计算可以看到。

3.3 微分本构黏弹性弦线的 Galerkin 方法的讨论

以黏弹性本构方程的 Kelvin 固体模型

$$\sigma=E\varepsilon+\eta\frac{\partial\varepsilon}{\partial t} \quad (3.31)$$

为例。它由弹性项和黏性项组成。将它和应变-位移关系

$$\varepsilon=\frac{1}{2}\left(\frac{\partial u}{\partial x}\right)^2 \quad (3.32)$$

代入(3.1)式右端得到

$$\sigma=\frac{3E}{2}\frac{\partial^2 u}{\partial x^2}\left(\frac{\partial u}{\partial x}\right)^2+\frac{\eta}{2}\frac{\partial}{\partial x}\left(\frac{\partial u}{\partial x}\frac{\partial}{\partial t}\left(\frac{\partial u}{\partial x}\right)^2\right)$$

$$= \frac{3E}{2}\frac{\partial^2 u}{\partial x^2}\left(\frac{\partial u}{\partial x}\right)^2 + 2\frac{\partial u}{\partial x}\frac{\partial^2 u}{\partial x^2}\frac{\partial^2 u}{\partial t\partial x} + \left(\frac{\partial u}{\partial x}\right)^2\frac{\partial^3 u}{\partial t\partial x^2} \tag{3.33}$$

(3.33)式的第一项的形式与弹性问题相同,类似于前面的推导得到

$$\int_0^1 \frac{3E}{2}\frac{\partial^2 u}{\partial x^2}\left(\frac{\partial u}{\partial x}\right)^2 \varphi_n \mathrm{d}x$$

$$= -\frac{E}{2}\sum_{i=1}^{\infty}\sum_{j=1}^{\infty}\sum_{k=1}^{\infty}\alpha_i(t)\alpha_j(t)\alpha_k(t)$$

$$\int_0^1 \varphi'_i(x)\varphi'_j(x)\varphi'_k(x)\varphi'_n(x)\mathrm{d}x \tag{3.34}$$

其中

$$\int_0^1 \varphi'_i(x)\varphi'_j(x)\varphi'_k(x)\varphi'_n(x)\mathrm{d}x$$

$$= \frac{ijkn\pi^4}{4}\int_0^1[\cos((i+j)\pi x)\cos((k+n)\pi x) +$$

$$\cos((i+j)\pi x)\cos((k-n)\pi x) +$$

$$\cos((i-j)\pi x)\cos((k+n)\pi x) +$$

$$\cos((i-j)\pi x)\cos((k-n)\pi x)]\mathrm{d}x \tag{3.35}$$

已由(3.24)式给出,下面考虑第二项。将(3.15)代入(3.33)式的后两项得到

$$2\frac{\partial u}{\partial x}\frac{\partial^2 u}{\partial x^2}\frac{\partial^2 u}{\partial t\partial x} + \left(\frac{\partial u}{\partial x}\right)^2\frac{\partial^3 u}{\partial t\partial x^2}$$

$$= 2\left(\sum_{i=1}^{\infty}\alpha_i\varphi'_i\right)\left(\sum_{i=1}^{\infty}\alpha_i\varphi''_i\right)\left(\sum_{i=1}^{\infty}\alpha'_i\varphi'_i\right) + \left(\sum_{i=1}^{\infty}\alpha_i\varphi'_i\right)^2\left(\sum_{i=1}^{\infty}\alpha'_i\varphi''_i\right)$$

$$= \sum_{i=1}^{\infty}\sum_{j=1}^{\infty}\sum_{k=1}^{\infty}\alpha_i\alpha_j\alpha'_k(2\varphi'_i\varphi'_k\varphi''_j + \varphi'_i\varphi'_j\varphi''_k) \tag{3.36}$$

类似于弹性弦线计算公式的推导有

$$\int_0^1 \eta \frac{\partial}{\partial x}\left(\frac{\partial \varepsilon}{\partial t}\frac{\partial u}{\partial x}\right)\varphi_n \mathrm{d}x$$

$$= \eta \sum_{i=1}^{\infty}\sum_{j=1}^{\infty}\sum_{k=1}^{\infty} \alpha_i \alpha_j \alpha'_k \int_0^1 (2\varphi'_i \varphi'_k \varphi''_j + \varphi'_i \varphi'_j \varphi''_k)\varphi_n \mathrm{d}x \qquad (3.37)$$

引入对称变量

$$\Psi_{ijk} = ijk(\alpha'_i \alpha_j \alpha_k + \alpha_i \alpha'_j \alpha_k + \alpha_i \alpha_j \alpha'_k) \qquad (3.38)$$

并将函数 $\varphi_i(x) = \sin(i\pi x)$ 代入得到(3.33)式的对称形式

$$\int_0^1 \eta \frac{\partial}{\partial x}\left(\frac{\partial \varepsilon}{\partial t}\frac{\partial u}{\partial x}\right)\varphi_n \mathrm{d}x$$

$$= -\frac{\eta}{3}\sum_{i,j,k=1}^{\infty} \Psi_{ijk} \int_0^1 [i\sin(i\pi x)\cos(j\pi x)$$

$$\cos(k\pi x)\sin(n\pi x) +$$

$$j\cos(i\pi x)\sin(j\pi x)\cos(k\pi x)\sin(n\pi x) +$$

$$k\cos(i\pi x)\cos(j\pi x)\sin(k\pi x)\sin(n\pi x)]\mathrm{d}x \qquad (3.39)$$

利用 Ψ_{ijk} 关于下标的对称性得到

$$-\frac{\eta}{3}\sum_{i,j,k=1}^{\infty} \Psi_{ijk} \int_0^1 [i\sin(i\pi x)\cos(j\pi x)\cos(k\pi x)\sin(n\pi x)]\mathrm{d}x$$

$$= -\eta \frac{\pi^4}{12}\sum_{i,j,k=1}^{\infty} \Psi_{ijk} \int_0^1 i[\sin((i+j)\pi x)\sin((n+k)\pi x) +$$

$$\sin((i+j)\pi x)\sin((n-k)\pi x) +$$

$$\sin((i-j)\pi x)\sin((n+k)\pi x) +$$

$$\sin((i-j)\pi x)\sin((n-k)\pi x)]\mathrm{d}x \qquad (3.40)$$

由于积分中各项分别只在

$$i+j=n+k, i+j=\pm(n-k),$$

$$\pm(i-j)=n+k, \pm(i-j)=n-k$$

时不为 0,沿着这几条线分别求和,并利用对称性合并相同的项得到

$$\begin{aligned}
&-\frac{\eta}{3}\sum_{i,j,k=1}^{\infty}\Psi_{ijk}\int_0^1[i\sin(i\pi x)\cos(j\pi x)\cos(k\pi x)\sin(n\pi x)]\mathrm{d}x\\
&=-\frac{\eta\pi^4}{24}\sum_{i+j=n+k}(2i-k)\Psi_{ijk}-\frac{\eta\pi^4}{24}\sum_{k=i+j+n}(k-2i)\Psi_{ijk}-\frac{\eta\pi^4}{24}\sum_{i+j+k=n}i\Psi_{ijk}\\
&=-\frac{\eta\pi^4}{24}\left\{\sum_{i+j=n+k}(2i-k)\Psi_{ijk}+\sum_{k=i+j+n}(k-2i)\Psi_{ijk}+\sum_{i+j+k=n}i\Psi_{ijk}\right\}
\end{aligned} \tag{3.41}$$

类似有

$$\begin{aligned}
&-\frac{\eta}{3}\sum_{i,j,k=1}^{\infty}\Psi_{ijk}\int_0^1[j\cos(i\pi x)\sin(j\pi x)\cos(k\pi x)\sin(n\pi x)]\mathrm{d}x\\
&=-\frac{\eta\pi^4}{24}\left\{\sum_{i+j=n+k}(2j-k)\Psi_{ijk}+\sum_{k=i+j+n}(k-2j)\Psi_{ijk}+\sum_{i+j+k=n}j\Psi_{ijk}\right\}
\end{aligned} \tag{3.42}$$

$$\begin{aligned}
&-\frac{\eta}{3}\sum_{i,j,k=1}^{\infty}\Psi_{ijk}\int_0^1[k\cos(i\pi x)\cos(j\pi x)\sin(k\pi x)\sin(n\pi x)]\mathrm{d}x\\
&=-\frac{\eta\pi^4}{24}\left\{\sum_{i+j=n+k}(i+j-k)\Psi_{ijk}+\sum_{k=i+j+n}(k-i-j)\Psi_{ijk}+\sum_{i+j+k=n}k\Psi_{ijk}\right\}
\end{aligned} \tag{3.43}$$

将式(3.41)(3.42)和(3.43)代入式(3.40)得

$$\int_0^1\eta\frac{\partial}{\partial x}\left(\frac{\partial\varepsilon}{\partial t}\frac{\partial u}{\partial x}\right)\varphi_n\mathrm{d}x$$

$$=-\frac{\eta}{3}\sum_{i,j,k=1}^{\infty}\Psi_{ijk}\int_0^1[i\sin(i\pi x)\cos(j\pi x)\cos(k\pi x)\sin(n\pi x)+$$
$$j\cos(i\pi x)\sin(j\pi x)\cos(k\pi x)\sin(n\pi x)+$$
$$k\cos(i\pi x)\cos(j\pi x)\sin(k\pi x)\sin(n\pi x)]\mathrm{d}x$$
$$=-\frac{\eta\pi^4}{8}\left\{\sum_{i+j=n+k}(i+j-k)\Psi_{ijk}-\sum_{k=i+j+n}(i+j-k)\Psi_{ijk}+\right.$$
$$\left.\frac{1}{3}\sum_{i+j+k=n}(i+j+k)\Psi_{ijk}\right\} \tag{3.44}$$

将式(3.44),(3.32)代入方程(3.1)得到

$$\frac{\alpha''_n(t)}{2}+4\gamma\sum_{i+n=odd}^{\infty}\frac{n\,i}{n^2-i^2}\alpha'_i(t)+(1-\gamma^2)\frac{(n\pi)^2}{2}\alpha_n$$
$$=-\frac{3E\pi^4}{16}\left(\sum_{i+j=n+k}ijk\alpha_i\alpha_j\alpha_k+\sum_{k=i+j+n}ijk\alpha_i\alpha_j\alpha_k\right)-$$
$$\frac{E\pi^4}{16}\sum_{n=i+j+k}ijk\alpha_i\alpha_j\alpha_k-\frac{\eta\pi^4}{8}\left\{\sum_{i+j=n+k}(i+j-k)\Psi_{ijk}-\right.$$
$$\left.\sum_{k=i+j+n}(i+j-k)\Psi_{ijk}+\frac{1}{3}\sum_{i+j+k=n}(i+j+k)\Psi_{ijk}\right\} \tag{3.45}$$

注意到在(3.45)式中弹性项和黏弹性项的求和结构完全相同,从而可以类似弹性问题给出 m 阶 Galerkin 方法的计算公式和程序。

3.4 数值结果的精度分析方法及应用

利用低阶 Galerkin 方法对轴向运动弦线的横向振动作数值分析,当速度较大、非线性项较大或者数值仿真时间长时都可能出现较大的误差,因此在计算时需要分析方法的数值误差,包括数值截断误

差和舍入误差的积累误差。由于误差随着时间的延长而增加，给误差的估计造成困难。考虑到系统的守恒量不随时间而变化，本节考虑利用守恒量来估计计算过程中出现的误差的大小。

3.4.1 非线性 Kirchhoff 模型的数值精度分析

考虑轴向运动弦线横向振动的非线性 Kirchhoff 模型

$$\frac{\partial^2 u}{\partial t^2}+2\gamma\frac{\partial^2 u}{\partial t\partial x}+(\gamma^2-1)\frac{\partial^2 u}{\partial x^2}=\frac{E}{2}\frac{\partial^2 u}{\partial x^2}\int_0^1\left(\frac{\partial u}{\partial x}\right)^2\mathrm{d}x \quad (3.46)$$

对于齐次边界条件，由第二章定理 2.2，它有守恒量

$$G(u)=\int_0^1\left[\left(\frac{\partial u}{\partial t}\right)^2+(1-\gamma^2)\left(\frac{\partial u}{\partial x}\right)^2\right]\mathrm{d}x+\frac{E}{4}\left(\int_0^1\left(\frac{\partial u}{\partial x}\right)^2\mathrm{d}x\right)^2 \quad (3.47)$$

给定初始条件

$$u(0,x)=f_1(x),\quad \frac{\partial u}{\partial t}(0,x)=f_2(x) \quad (3.48)$$

则守恒量满足

$$G(u)\equiv\int_0^1[(f_2(x))^2+(1-\gamma^2)(f_1'(x))^2]\mathrm{d}x+\frac{E}{4}\left(\int_0^1(f_1'(x))^2\mathrm{d}x\right)^2 \quad (3.49)$$

可以利用复化梯形方法

$$\int_0^1 f(x)^2\mathrm{d}x\approx\frac{h}{2}\left[f_0^2+f_n^2+2\sum_{i=1}^{n-1}f_i^2\right]\quad h=1/n \quad (3.50)$$

和下面的广义中点法

$$\int_0^1 f'(x)^2\mathrm{d}x\approx\frac{1}{h}\sum_{i=0}^{n-1}[f_{i+1}-f_i]^2 \quad (3.51)$$

得到计算 $G(u)$ 的数值积分计算公式

$$G(u(t_0)) \approx \frac{h}{2}\Big[f_{2,0}^2 + f_{2,n}^2 + 2\sum_{i=1}^{n-1} f_{2,i}^2\Big] +$$

$$\frac{1}{h}\sum_{i=0}^{n-1}\left[f_{1,i+1} - f_{1,i}\right]^2$$

$$\left\{(1-\gamma^2) + \frac{E}{4h}\sum_{i=0}^{n-1}\left[f_{1,i+1} - f_{1,i}\right]^2\right\} \tag{3.52}$$

其中 $f_{1,j} = f_1(x_j)$，$f_{2,j} = f_2(x_j)$。

将第 i 时间步的 $u(t_i, x_j)$ 的数值计算结果

$$u_{i,j}, \quad j = 0, 1, \cdots, n$$

和第 i 时间步的 $\frac{\partial u}{\partial t}(t_i, x_j)$ 的计算结果

$$v_{i,j}, \quad j = 0, 1, \cdots, n$$

分别代到公式(4.48)中 $f_{1,j}$ 和 $f_{2,j}$ 的位置，即得到 $G(u(t_i))$ 的数值近似值。注意到

$$G(u(t_0)) = G(u(t_i)) \qquad \forall\, i \in \mathbf{Z}$$

从而可以利用 $G(u(t_0)) - G(u(t_i))$ 的大小估计数值计算的精度。

注：由于采用了数值积分方法，$G(u(t_0))$的计算存在误差。但数值积分只涉及利用初始条件的计算，步长可以取得很小。计算误差与 Galerkin 方法的截断误差和常微分方程计算的积累误差比较是小得多的量，可以忽略。

例 3.2 利用 Galerkin 方法计算方程(3.42)的解，并利用守恒量检验数值结果。这里设初始条件为

$$f_1(x) = 0.1x(1-x), \quad f_2(x) = 0 \tag{3.53}$$

m 阶 Galerkin 截断公式的矩阵表示为

$$\begin{pmatrix}\ddot{\alpha}_1\\ \ddot{\alpha}_2\\ \ddot{\alpha}_3\\ \vdots\\ \ddot{\alpha}_n\end{pmatrix}+8\gamma\begin{bmatrix}0 & \frac{1\times 2}{1^2-2^2} & 0 & \frac{1\times 4}{1^2-4^2} & & \\ & 0 & \frac{2\times 3}{2^2-3^2} & \ddots & & \\ & & 0 & \ddots & 0 & \\ & & & \ddots & \frac{(m-1)m}{(m-1)^2-m^2} & \\ \text{skew} & & & & 0 & \end{bmatrix}\begin{pmatrix}\dot{\alpha}_1\\ \dot{\alpha}_2\\ \dot{\alpha}_3\\ \vdots\\ \dot{\alpha}_n\end{pmatrix}+$$

$$\frac{\pi(1-\gamma^2)}{2}H\alpha=-\frac{E\pi^4}{4}(\alpha^T H\alpha)H\alpha \tag{3.54}$$

其中 skew 表示反对称，且

$$\alpha=(\alpha_1,\quad \alpha_2,\quad \cdots,\quad \alpha_n)^{\mathrm{T}}$$

$$H=\mathrm{diag}(1^2,\quad 2^2,\quad \cdots,\quad m^2)$$

其中 diag(x)表示以向量 x 为对角元的对角矩阵。取初始条件

$$u(0,x)=0.1x(1-x),\quad \frac{\partial u}{\partial t}(0,x)=0 \tag{3.55}$$

利用

$$\sum_{k=1}^{m}\alpha_k(0)\sin(k\pi x)=0.1x(1-x),\quad \sum_{k=1}^{m}\alpha'_k(0)\sin(k\pi x)=0$$

得到 Galerkin 截断函数的系数 $\alpha_k(t)$ 的初始条件

$$\alpha_k(0)=0.2\int_0^1 x(1-x)\sin(k\pi x)\mathrm{d}x=\frac{0.4}{(k\pi)^3}[1-(-1)^k],$$

$$\alpha'_k(0)=0$$

$$k=1,2,\cdots,m \tag{3.56}$$

另外，对于初始条件(3.48)，可以直接计算出(3.43)式中守恒量的值

$$G=(1-\gamma^2)\frac{0.01}{3}+\frac{E}{4}\left(\frac{0.01}{3}\right)^2 \tag{3.57}$$

将上述数据代入常微分方程组，利用 Runge-Kutta 方法计算即得到方程(3.42)相应的初边值问题的解。本文采用 6 级 5 阶显式 Runge-Kutta 方法。

图 3.1 给出当 $E=0.1$ 时在不同的无量纲速度下运动弦线的振动曲线。可以看出，在非线性项较小时，系统的振动比较规则，随着速度的增加，振动频率降低，只是在速度接近临界速度 1 时显示出非线性项的影响。图 3.2 是 $E=4$ 相应的运动弦线横向振动曲线。可以看出，当非线性项较大时，系统的振动呈现不规则的变化，这种不规则随着时间的增加越加明显。而且随着非线性项的加大，数值计算方法的计算误差通常也在加大。这就提出了一些问题：这些不太规则的振动的数值模拟曲线是否正确地描绘了运动弦线的振动过程？对给定的非线性运动弦线振动模型，取多少阶的 Galerkin 截断更合适一些？Galerkin 截断是不是阶越高越精确？

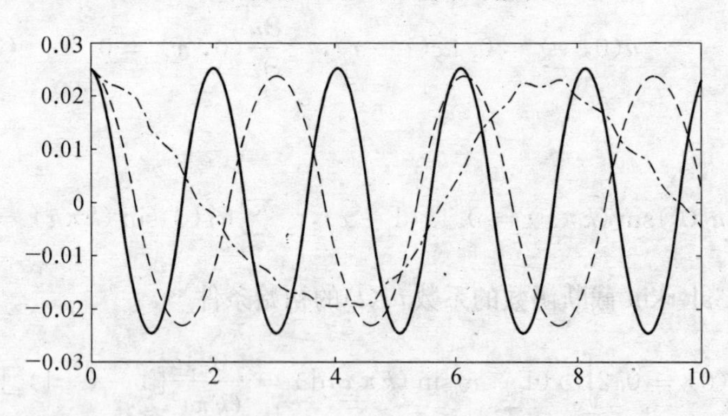

图 3.1　运动弦线振动曲线

实线：$\gamma=0.1$，虚线：$\gamma=0.6$，点划线：$\gamma=0.8$，$E=0.1$，
x 坐标：t，y 坐标：u

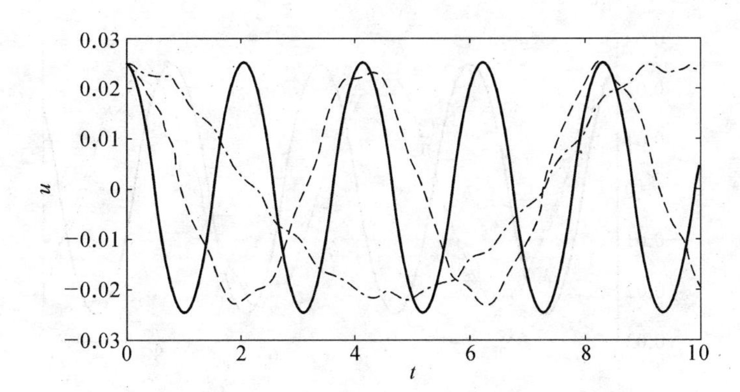

图 3.2　运动弦线振动曲线的 galerkin 截断($E=50,m=4$)

实线：$\gamma=0.1$，虚线：$\gamma=0.6$，点划线：$\gamma=0.8$

图 3.3 至图 3.5 利用本章给出的守恒量对计算结果的计算精度进行分析。图 3.3 给出当 $E=0.1$ 时的守恒量的近似值。可以看出，对于非线性项较小，速度在远离临界速度 $\gamma=1$ 变化时，Galerkin 方法的守恒量的精度基本上不受速度变化的影响，守恒量的误差是近似线性积累的，且随着 m 的增大而减小。当 $m=20$ 时，在 $t<1\,000$ 的范围内误差可以小于 10^{-5}。比较而言，当 $E=50$ 时(图 3.4)，由

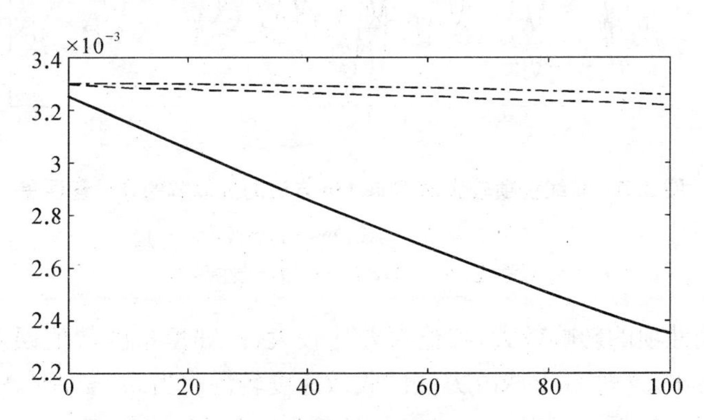

图 3.3　守恒量与 Galerkin 方法阶数的关系($\gamma=0.1,E=0.1$)

实线：$m=1$ 时 G 的近似值，虚线：$m=4$ 时 G 的近似值，

点划线：$m=20$ 时 G 的近似值，横坐标：t，纵坐标：G

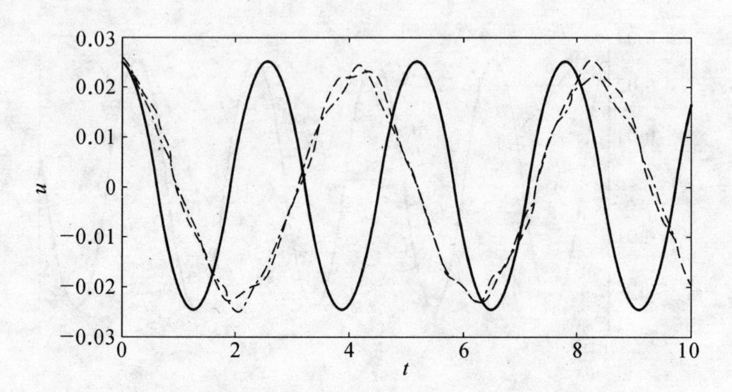

图 3.4　非线性项较大时 Galerkin 方法的近似解 $\gamma=0.6, E=50$

实线：$m=1$，虚线：$m=4$，点划线：$m=20$

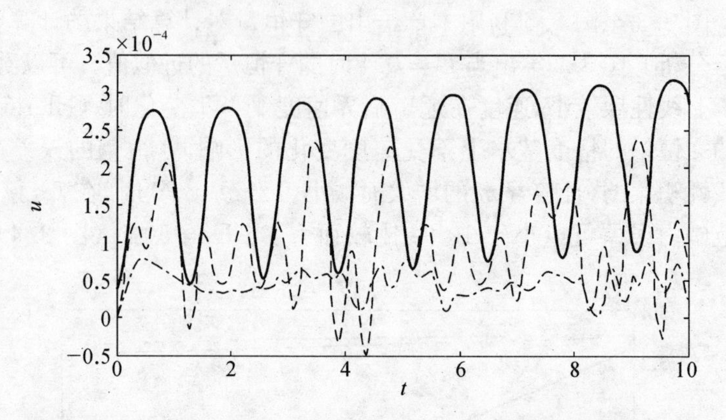

图 3.5　非线性项较大时 Galerkin 方法的近似解的守恒量误差

$\gamma=0.6, E=50$，实线：$m=1$，虚线：$m=4$，

点划线：$m=20$，横坐标：t，纵坐标：G

于非线性项的影响较大，数值误差比较大，由守恒量的数值误差曲线可以看出，这时 Galerkin 方法的收敛速度较慢。当 $m=4$ 时，守恒量的误差仍然很大。当 $m=20$ 时，数值误差为 10^{-4}，相对 $m=4$ 有明显的减小。我们作了增大 m 的数值实验，m 最多增大到 50，当 $m>20$ 时，精度改进的效果不明显，而且继续增大精度反而下降。这

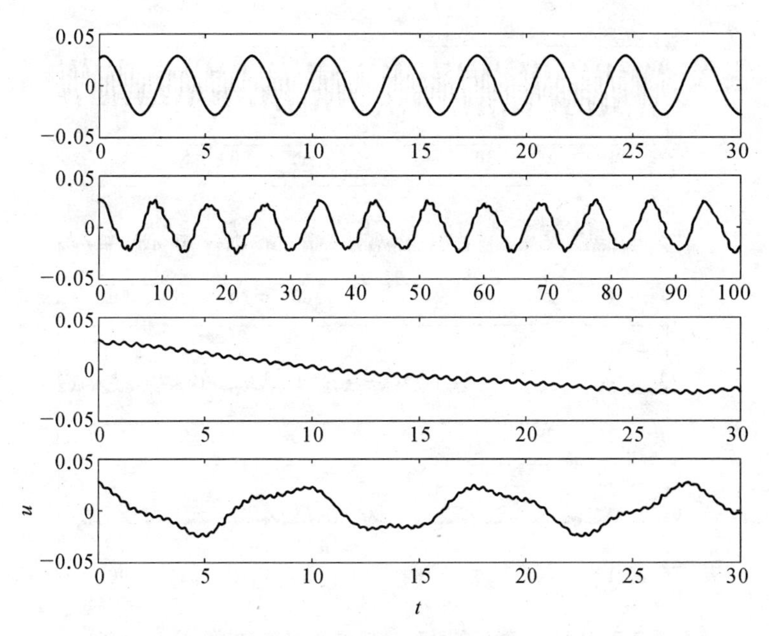

图 3.6　例 3.3 对应的弦线横向振动曲线($X=1/2, M=4, E=50$)

上图：$\gamma=0$，中上图：$\gamma=0.6$，中下图：$\gamma=1.2$，下图：$\gamma=2$

与 Galerkin 方法产生的方程组的病态有关。对于我们的例子，精度最高的解在 $M=22$ 附近。

例 3.3　类似于例 3.2，考虑初始速度速度不为零的情况。这里设初始条件为

$$f_1(x)=0.1x(1-x),\quad f_2(x)=0.1x(1-x) \tag{3.58}$$

图 3.6 给出了不同速度相应的振动曲线，图 3.7 则利用运动弦线不同阶 Galerkin 方法对应的守恒量。由于初速度的影响，振动曲线产生小的波纹，这些波纹在守恒量的误差图上也可以看到。由于守恒量随 m 的增大不断减小，我们有理由相信数值结果的准确性。

当超过 1 时，由于系统本身出现不稳定，影响到数值结果，弦线系统的数值结果变的不稳定，经常出现发散。

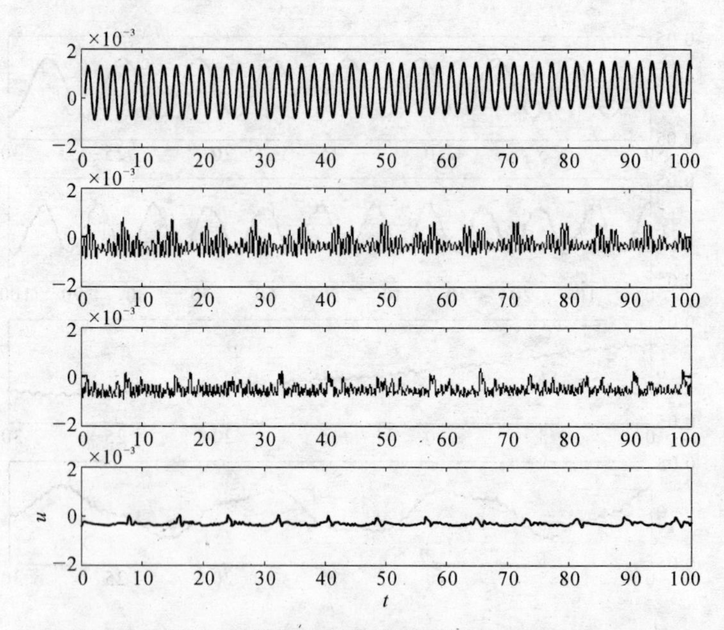

图 3.7　例 3.3 对应的弦线的守恒量误差(γ=0.6, E=50)

上图：$M=1$，上中图：$M=4$，下中图：$M=10$，下图：$M=30$

3.4.2　Mote 的模型的数值精度分析

对于 Mote 首先研究的轴向运动弦线的动力学模型

$$\frac{\partial^2 u}{\partial t^2}+2\gamma\frac{\partial^2 u}{\partial t\partial x}+(\gamma^2-1)\frac{\partial^2 u}{\partial x^2}=\frac{3E}{2}\left(\frac{\partial u}{\partial x}\right)^2\frac{\partial^2 u}{\partial x^2}\tag{3.59}$$

由第二章的推论 1 知，方程的解满足下面的守恒关系

$$S(u)=\int_0^1\left[\left(\frac{\partial u}{\partial t}\right)^2+(1-\gamma^2)\left(\frac{\partial u}{\partial x}\right)^2+\frac{E}{4}\left(\frac{\partial u}{\partial x}\right)^4\right]\mathrm{d}x=const\tag{3.60}$$

下面利用上述守恒量检验数值结果的精度。

例 3.4　初始条件和边界条件同例 3.2。(3.54)式的数值积分采用

$$S(u(t_0)) \approx \frac{h}{2}\left[f_{2,0}^2 + f_{2,n}^2 + 2\sum_{i=1}^{n-1} f_{2,i}^2\right] + \frac{1}{h}\sum_{i=0}^{n-1}\left[f_{1,i+1} - f_{1,i}\right]^2 \left\{(1-\gamma^2) + \frac{E}{4}\left[\frac{f_{1,i+1} - f_{1,i}}{h}\right]^2\right\} \tag{3.61}$$

其中 $n = 1\,000$。守恒量的解析解为

$$G = (1-\gamma^2)\frac{0.01}{3} + \frac{E}{20}(0.1)^4 \tag{3.62}$$

这一守恒量的值与 Kirchhoff 模型的相应守恒量的值(3.53)有较大的差别,这也从一个方面反映两种模型的差异。

图 3.8 是模型(3.58)在不同速度参数下弦线中点的振动曲线。

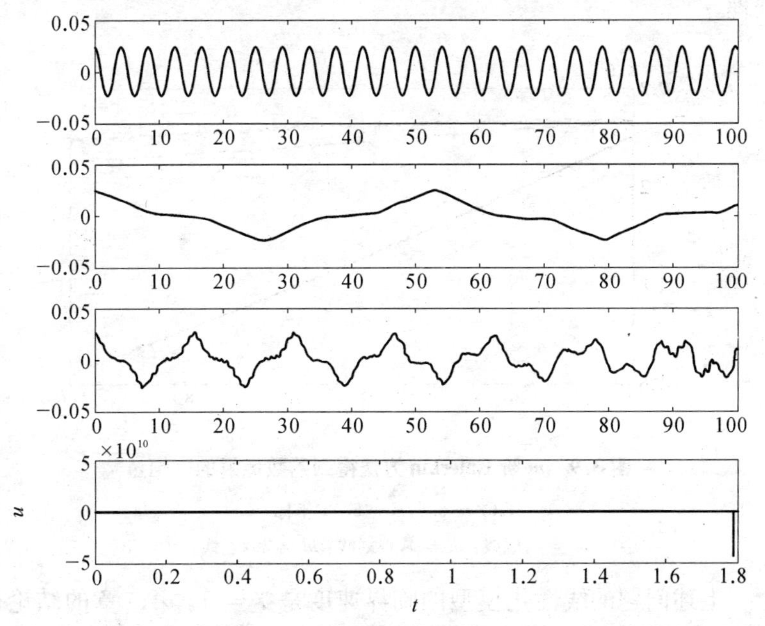

图 3.8　模型(3.58)的数值解曲线 $x=1/2, E=50, m=4$

上图:$\gamma=0.6$,上中图:$\gamma=0.99$,下中图:$\gamma=1.05$,下图:$\gamma=1.1$

当 $\gamma<1$ 时，弦线的振形比较规则，振动频率随着速度的增大而放慢。当 γ 趋向于 1 时，频率趋向于 0。但当 $\gamma>1$ 时，频率突然增加，且在曲线上出现高频的细微振动，且随着速度的增加，振动频率加快且不规则。$\gamma>1.1$ 时，数值解发散。数值实验还表明，对于非线性轴向运动弦线模型，当 $\gamma>1$ 时，横向振动的稳定性与初始条件密切相关。

图3.9是利用 Galerkin 方法得到的数值解计算的守恒量(3.54)。其中的实线、虚线、点划线和点线分别描述 $m=1,4,20,30$ 的情况。当 $m>30$ 时，m 的增加对计算结果的影响已经不大。当 $m>40$ 时，守恒量的误差反而增大。这是因为舍入误差的增大抵消了截断误差的减小，再提高计算精度，需要减少计算机的舍入误差。当 $m=30$ 时，利用手工生成 galerkin 方法的离散程序是非常复杂的，而如果不按照本节的方法合并化简，将面临 30^4 个非线性项的系数积分的处理。

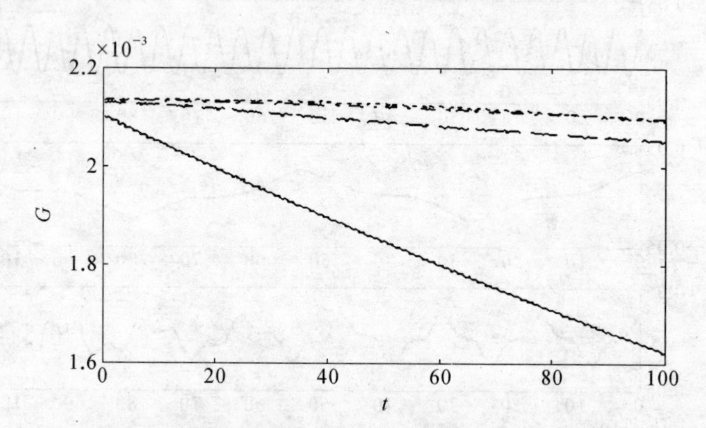

图 3.9　*m* 阶 Galerkin 方法得到的数值解的守恒量

$G(\gamma=0.6, E=50)$ x 坐标：t

实线：$m=1$，虚线：$m=4$，点划线：$m=20$，点线：$m=30$

上述问题的线性化模型的临界速度是 $\gamma=1$。第二章的结论说明，非线性模型关于初值的稳定性要好一些。但当 $\gamma>1$ 时，系统出现分岔，此时，Galerkin 方法常常出现计算不稳定现象。即使 γ 接近临界速度1而不大于1时，对一些带有高频分量的初始条件，也会出现发散。

下面考虑γ接近1时Galerkin方法的误差。图3.10描述Mote模型守恒量在临界速度附近的近似值，它是将利用Galerkin方法得到的数值解代入守恒量的数值计算公式(3.55)得到的，其中$\gamma=0.998$。上图中是1阶galerkin截断的守恒量的近似值，它是发散的。其他各图给出了$m=2$，$m=4$和$m=30$的情况。当m增大时，守恒量的误差逐渐减小。

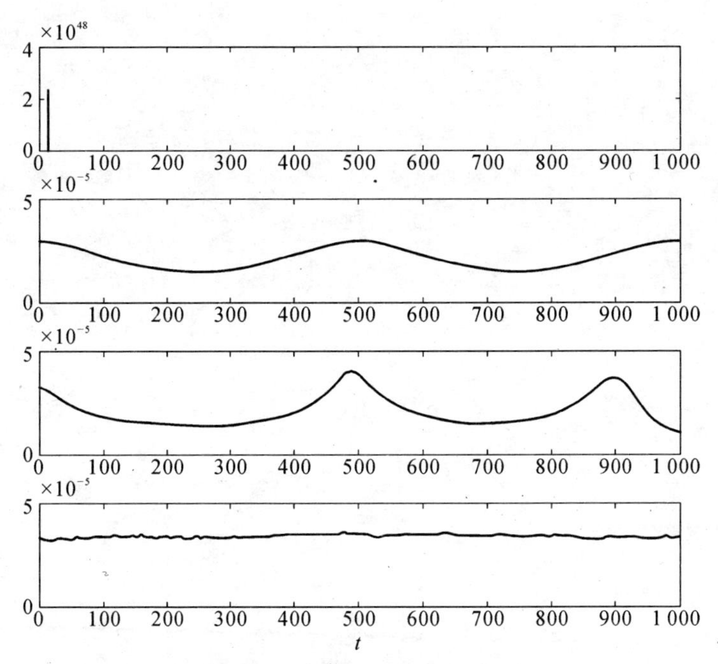

图3.10 临界速度下守恒量数值结果误差($\gamma=0.998, E=4$)

上图：$m=1$，上中图：$m=2$，下中图：$m=4$，下图：$m=30$

当阶数增加时，计算精度的提高已经不明显。数值实验表明，当E较小时，m在30左右一般计算精度较高。当E很大时，m选在15－20之间较好，再增大m精度提高不大。

从上面的图形分析中也可以看到 Kirchhoff 模型和 Mote 的模型的差别。对于相同的 γ 和 E，Kirchhoff 模型的守恒量对应模型非线性部分比 Mote 模型的守恒量的对应部分要大得多。与之对应，在无量纲速度 γ 接近 1 时，Kirchhoff 模型有较好的计算稳定性。另外，Kirchhoff 模型的非线性明显弱于 Mote 的模型。

第四章　微分本构黏弹性轴向运动弦线的数值方法和动力学分析

4.1　引言

本章考虑常速运动的轴向运动黏弹性弦线的参数振动。利用第二章的建模方法，其横向振动的动力学方程可以表述为[30]

$$\rho\frac{\partial^2 U}{\partial T^2}+2\rho c\frac{\partial^2 U}{\partial X\partial T}+\left(\rho c^2-\frac{P_0+P_1\cos(\Omega T)}{A}\right)\frac{\partial^2 U}{\partial X^2}=\frac{\partial}{\partial X}\left(\sigma\frac{\partial U}{\partial X}\right) \tag{4.1}$$

方程中的变量和参数的意义同第二章的公式(2.3)。

黏弹性弦线的应力-应变关系的线性微分本构模型可以利用线性微分算子表述为[33][34]

$$P^*\sigma=Q^*\varepsilon \tag{4.2}$$

其中σ是轴向应力，ε是轴向应变。在小变形假设下，应变-位移关系可取为

$$\varepsilon=\frac{1}{2}\left(\frac{\partial U}{\partial X}\right)^2 \tag{4.3}$$

P^*，Q^* 是微分算子(2.4)。两个著名的例子是标准模型

$$P^*=1+\frac{\eta}{E_1+E_2}\frac{\partial}{\partial T} \tag{4.4}$$

$$Q^* = \frac{E_1}{E_1 + E_2}\left(E_2 + \eta \frac{\partial}{\partial T}\right) \tag{4.5}$$

和 Maxwell - Kelvin 模型

$$P^* = 1 + \left(\frac{\eta_1}{E_1} + \frac{\eta_2}{E_2} + \frac{\eta_1}{E_2}\right)\frac{\partial}{\partial T} + \frac{\eta_1 \eta_2}{E_1 E_2}\frac{\partial^2}{\partial T^2} \tag{4.6}$$

$$Q^* = \eta_1 \frac{\partial}{\partial T} + \frac{\eta_1 \eta_2}{E_2}\frac{\partial^2}{\partial T^2} \tag{4.7}$$

Chen，Zu 和 Zhang 等[31][32][79][80]系统地讨论了上述模型的参数振动。他们采用的主要方法是多尺度法和 Galerkin 方法。本章利用有限差分法分析上述模型,通过分别采用半离散和全离散的方法给出上述方程的有限差分离散,使非线性项得到适当的处理,从而得到两种简单实用的数值分析方法。两种方法可适用于不同的需要。作为对方法的检验,文中利用这两种方法对黏弹性轴向运动弦线的参数振动进行了分析。

4.2 微分本构黏弹性轴向运动弦线的半离散差分法[61]

4.2.1 控制方程的差分离散

在模型(4.1)和(4.2)中引入参数变换

$$u = \frac{U}{L},\ x = \frac{X}{L},\ t = T\left(\frac{P_0}{\rho A L^2}\right)^{1/2},\ \gamma = c\left(\frac{\rho A}{P_0}\right)^{1/2}$$

$$\omega = \Omega\left(\frac{\rho A L^2}{P_0}\right)^{1/2},\ P = \frac{P_1}{P_0} \tag{4.8}$$

把方程(4.1)化为无量纲形式

$$\frac{\partial^2 u}{\partial t^2} + G\frac{\partial u}{\partial t} + Ku = p\cos(\omega t)\frac{\partial^2 u}{\partial x^2} + \frac{\partial}{\partial x}\left(s\frac{\partial u}{\partial x}\right) \tag{4.9}$$

其中

$$G = 2\gamma \frac{\partial}{\partial x}, K = (\gamma^2 - 1) \frac{\partial^2}{\partial x^2}$$

分别是陀螺算子和线性刚性算子。微分本构关系(4.2)化为无量纲形式

$$P_1 s = Q_1 \left(\frac{1}{2} \left(\frac{\partial u}{\partial x} \right)^2 \right) \tag{4.10}$$

其中 P_1 和 Q_1 由其具体的形式变换得到。齐次边界条件化为 $u(t, 0) = u(t, 1) = 0$。

引入等距节点

$$0 = x_0 < x_1 < \cdots < x_{n-1} < x_n = 1,$$

其中 $x_i = ih, h = 1/n$。并记

$$u_i = u(t, x_i), \mathrm{d}u_i = \frac{\partial u_i}{\partial t}, w_i = \frac{\partial u}{\partial x}(t, x_i), s_i = s(t, x_i) \tag{4.11}$$

$$i = 0, 1, 2, \cdots, n$$

及

$$U = \begin{pmatrix} u_1 \\ u_2 \\ \vdots \\ u_{n-1} \end{pmatrix}, U_1 = \begin{pmatrix} \mathrm{d}u_1 \\ \mathrm{d}u_2 \\ \vdots \\ \mathrm{d}u_{n-1} \end{pmatrix}, W = \begin{pmatrix} w_1 \\ w_2 \\ \vdots \\ w_{n-1} \end{pmatrix}, S = \begin{pmatrix} s_1 \\ s_2 \\ \vdots \\ s_{n-1} \end{pmatrix} \tag{4.12}$$

利用中心差分算子对微分算子离散如下

$$\frac{\partial^2 u}{\partial x^2} \Big|_{x=x_i} = \frac{u_{i+1} - 2u_i + u_{i-1}}{h^2} + O(h^2)$$

$$\frac{\partial u}{\partial x} \Big|_{x=x_i} = \frac{u_{i+1} - u_{i-1}}{2h} + O(h^2) \tag{4.13}$$

$$\frac{\partial}{\partial x}\left(s\frac{\partial u}{\partial x}\right)\Big|_{x=x_i}=\frac{(s_i+s_{i+1})(u_{i+1}-u_i)-(s_i+s_{i-1})(u_i-u_{i-1})}{2h^2}+O(h^2)$$

其中(4.13)的第三式可直接由 Taylor 展式验证。

在 (t, x_i) 点利用差分算子(4.13)离散方程(4.9)并略去高阶小量得到

$$\begin{aligned}\frac{\mathrm{d}^2u_i}{\mathrm{d}t^2}+2\gamma\frac{\mathrm{d}w_i}{\mathrm{d}t} &= (1-\gamma^2+p\cos(\omega t))\frac{u_{i+1}-2u_i+u_{i-1}}{h^2}+\\ &\quad\frac{(s_i+s_{i+1})(u_{i+1}-u_i)-(s_{i-1}+s_i)(u_i-u_{i-1})}{2h^2}\end{aligned}\tag{4.14}$$

$$i=0, 1, 2, \cdots, n$$

将式(4.14)右端记作 $\varphi_i(t, U, S)$，并记

$$\Phi(t, U, S)=(\varphi_1\quad \varphi_2\quad \cdots\quad \varphi_{n-1})^{\mathrm{T}}\tag{4.15}$$

即得到半离散方程组的向量形式

$$\frac{\mathrm{d}^2U}{\mathrm{d}t^2}+2\gamma\frac{\mathrm{d}W}{\mathrm{d}t}=\Phi(t, U, S)\tag{4.16}$$

另外，利用等式

$$\frac{\partial w}{\partial t}=\frac{\partial^2u}{\partial t\partial x}=\frac{\partial}{\partial x}\left(\frac{\partial u}{\partial t}\right)\tag{4.17}$$

得到

$$\frac{\mathrm{d}U}{\mathrm{d}t}=\frac{\partial U_1}{\partial x}$$

$$= \frac{1}{2h}\begin{pmatrix} 0 & 1 & & & \\ -1 & 0 & 1 & & \\ & -1 & 0 & \ddots & \\ & & \ddots & \ddots & 1 \\ & & & -1 & 0 \end{pmatrix}\begin{pmatrix} \mathrm{d}u_1 \\ \mathrm{d}u_2 \\ \mathrm{d}u_3 \\ \vdots \\ \mathrm{d}u_{n-1} \end{pmatrix} + \begin{pmatrix} -\mathrm{d}u_0 \\ 0 \\ \vdots \\ 0 \\ \mathrm{d}u_n \end{pmatrix} + O(h^2)$$

$$\approx TU_1 + E \tag{4.18}$$

其中

$$T = \frac{1}{2h}\begin{pmatrix} 0 & 1 & & & \\ -1 & 0 & 1 & & \\ & -1 & 0 & \ddots & \\ & & \ddots & \ddots & 1 \\ & & & -1 & 0 \end{pmatrix}, E = \begin{pmatrix} -\mathrm{d}u_0 \\ 0 \\ \vdots \\ 0 \\ \mathrm{d}u_n \end{pmatrix}$$

把式(4.18)代入(4.16)式并和(4.10)联立得到半离散的常微分方程组

$$\frac{\mathrm{d}U}{\mathrm{d}t} = U_1 \tag{4.19a}$$

$$\frac{\mathrm{d}U_1}{\mathrm{d}t} + 2\gamma T\frac{\mathrm{d}U}{\mathrm{d}t} = \Phi(t, U, S) \tag{4.19b}$$

$$P_1 S = Q_1\left(\frac{1}{2}\mathrm{diag}(TU)TU\right) \tag{4.19c}$$

其中 diag(a)以向量 $\boldsymbol{a}$ 为对角元的对角矩阵。

常微分方程组(4.19)是稀疏的,其中方程(4.19c)与具体的本构关系有关。下面就微分本构关系(4.4)(4.5)和(4.6)(4.7)分别讨论。

4.2.2 黏弹性微分本构关系的 Standard 模型

注意到

$$w = \frac{\partial u}{\partial x} = \frac{\partial U}{\partial X} \tag{4.20}$$

将 Standard 模型算子(4.4)(4.5)代入(4.9)并引入变量 w 得到

$$B_1 \frac{\partial \sigma}{\partial T} + B_2 w \frac{\partial w}{\partial T} = f_1(\sigma, w) \tag{4.21}$$

其中

$$B_1 = \frac{\eta}{E_1 + E_2}, B_2 = -\frac{E_1 \eta}{E_1 + E_2},$$

$$f_1(\sigma, w) = -\sigma + \frac{E_1 E_2}{2(E_1 + E_2)} w^2 \tag{4.22}$$

利用变量代换(4.8)并引入新的变量代换

$$B = -\frac{E_1 A}{T_0}, \eta_v = \frac{E_1 + E_2}{\eta}\left(\frac{\rho A L^2}{P_0}\right)^{1/2}, E = \frac{E_1 E_2}{E_1 + E_2}\frac{A}{P_0}\eta_v \tag{4.23}$$

则方程(4.21)化为无量纲形式

$$\frac{\partial s}{\partial t} + B w \frac{\partial w}{\partial t} = f(s, w) \tag{4.24}$$

其中

$$f(s, w) = -\eta_v s + \frac{E}{2} w^2 \tag{4.25}$$

把方程(4.24)代入(4.19c),方程组(4.19)化为

$$\begin{pmatrix} I_{n-1} & 0 & 0 \\ 2\gamma T & I_{n-1} & 0 \\ B\mathrm{diag}(TU)T & 0 & I_{n-1} \end{pmatrix} \begin{pmatrix} \dot{U} \\ \dot{U}_1 \\ \dot{S} \end{pmatrix} = \begin{pmatrix} U_1 \\ \Phi(t, U, S) \\ F(S, TU) \end{pmatrix} \tag{4.26}$$

其中 $F(S, W)=(f(s_1, w_1)\quad f(s_2, w_2)\quad \cdots\quad f(s_{n-1}, w_{n-1}))^{\mathrm{T}}$ 且

$$W=TU+O(h^2)$$

由于

$$\begin{pmatrix} I_{n-1} & 0 & 0 \\ 2\gamma T & I_{n-1} & 0 \\ B\mathrm{diag}(TU)T & 0 & I_{n-1} \end{pmatrix}^{-1}=\begin{pmatrix} I_{n-1} & & \\ -2\gamma T & I_{n-1} & \\ -B\mathrm{diag}(TU)T & & I_{n-1} \end{pmatrix} \tag{4.27}$$

代入方程(4.26)即得到显式方程

$$\begin{pmatrix} \dot{U} \\ \dot{U}_1 \\ \dot{S} \end{pmatrix}=\begin{pmatrix} I_{n-1} & 0 & 0 \\ -2\gamma T & I_{n-1} & 0 \\ -B\mathrm{diag}(TU)T & 0 & I_{n-1} \end{pmatrix}\begin{pmatrix} U_1 \\ \Phi(t, S, U) \\ F(S, TU) \end{pmatrix}$$

$$=\begin{pmatrix} U_1 \\ -2\gamma TU_1+\Phi(t, S, U) \\ -B\mathrm{diag}(TU)TU_1+F(S, TU) \end{pmatrix} \tag{4.28}$$

4.2.3 黏弹性微分本构关系的 Maxwell-Kelvin 模型

利用变量代换(4.8)，Maxwell-Kelvin 模型的微分算子(4.6)(4.7)可以化为无量纲形式

$$P_1=\frac{\partial^2}{\partial t^2}+k_1\frac{\partial}{\partial t}+k_2,\ Q_1=\lambda_1\frac{\partial^2}{\partial t^2}+\lambda_2\frac{\partial}{\partial t} \tag{4.29}$$

其中

$$k_1=\left(\frac{E_1}{\eta_1}+\frac{E_1+E_2}{\eta_2}\right)\left(\frac{\rho AL^2}{P_0}\right)^{1/2},\ k_2=\frac{E_1}{\eta_1}\frac{E_2}{\eta_2}\frac{\rho AL^2}{P_0}$$

$$\lambda_1 = \frac{E_1 A}{P_0}, \quad \lambda_2 = \frac{E_1 E_2 A}{P_0 \eta_2}\left(\frac{\rho A L^2}{P_0}\right)^{1/2} \tag{4.30}$$

将(4.29)代入(4.10)式得到

$$\frac{\partial^2 s}{\partial t^2} + k_1 \frac{\partial s}{\partial t} - \lambda_1 w \frac{\partial^2 w}{\partial t^2}$$

$$= -k_2 s + \lambda_1 \left(\frac{\partial w}{\partial t}\right) + \lambda_2 w \frac{\partial w}{\partial t} \tag{4.31}$$

将式(4.31)代入方程组(4.19)得

$$\begin{bmatrix} I_{n-1} & 0 & 0 & 0 \\ 2\gamma I_{n-1} & I_{n-1} & 0 & 0 \\ \lambda_2 \mathrm{diag}(TU)T & -\lambda_1 \mathrm{diag}(TU)T & k_1 I_{n-1} & I_{n-1} \\ 0 & 0 & I_{n-1} & 0 \end{bmatrix} \begin{bmatrix} \dot{U} \\ \dot{U}_1 \\ \dot{S} \\ \dot{S}_1 \end{bmatrix} = \begin{bmatrix} U_1 \\ \Phi(t, S, U) \\ F_1(S, U_1) \\ S_1 \end{bmatrix} \tag{4.32}$$

其中

$$S_1 = \left(\frac{\mathrm{d}s}{\mathrm{d}t}(t, x_1) \quad \frac{\mathrm{d}s}{\mathrm{d}t}(t, x_2) \quad \cdots \quad \frac{\mathrm{d}s}{\mathrm{d}t}(t, x_{n-1})\right)^{\mathrm{T}} \tag{4.33}$$

$$F_1(S, U_1) = -k_2 S + \lambda_1 (TU_1)^2 \tag{4.34}$$

由于

$$\mathrm{diag}(A) T = -T^T \mathrm{diag}(A) \tag{4.35}$$

可知

$$\begin{bmatrix} I_{n-1} & 0 & 0 & 0 \\ 2\gamma I_{n-1} & I_{n-1} & 0 & 0 \\ \lambda_2 \mathrm{diag}(TU)T & -\lambda_1 \mathrm{diag}(TU)T & k_1 I_{n-1} & I_{n-1} \\ 0 & 0 & I_{n-1} & 0 \end{bmatrix}^{-1}$$

$$
=\begin{pmatrix} I_{n-1} & 0 & 0 & 0 \\ -2\gamma I_{n-1} & I_{n-1} & 0 & 0 \\ 0 & 0 & 0 & I_{n-1} \\ (2\gamma\lambda_1 T^T-\lambda_2 \mathrm{diag}(TU)T) & \lambda_2 \mathrm{diag}(TU)T & I_{n-1} & -k_1 I_{n-1} \end{pmatrix} \tag{4.36}
$$

从而方程(4.32)可以写成显式形式

$$
\begin{pmatrix} \dot{U} \\ \dot{U}_1 \\ \dot{S} \\ \dot{S}_1 \end{pmatrix}=\begin{pmatrix} U_1 \\ \Phi-2\gamma TU_1 \\ S_1 \\ (2\gamma\lambda_1 T^T-\lambda_2 \mathrm{diag}(TU)T)U_1+\lambda_2 \mathrm{diag}(TU)T\Phi+F_1-k_1 S_1 \end{pmatrix} \tag{4.37}
$$

方程(4.28)和(4.37)可以利用 Runge－Kutta 方法求解。由于隐式和半隐显式 Runge－Kutta 方法有很好的计算稳定性，本文在轴向运动弦线横向振动的数值仿真中采用半隐显式 Runge－Kutta 方法，算法的计算实例在本章第四节。

上述算法的特点是将动力学方程和本构关系分别离散，通过半离散的方法处理黏弹性非线性项。目前的直接离散的方法，对时间的离散都是采用向前差分或向后差分，精度非常低。而利用时间的中心差分处理上述非线性问题常常导致算法的不稳定性。本文的处理方式利用半隐显式 Runge－Kutta 的计算稳定性，避开了上述问题，使得算法有二阶截断误差和好的稳定性。方程组是显式的，计算也比较简单方便。算法的一个重要优点是它可以处理非线性项较大的情况，在这样的情况下，一般的直接差分在长时间计算时都会发散。

虽然算法是针对 Standard 模型和 Maxwell－Kelvin 模型设计的，但由于设计算法时，通过变量代换将问题化成了标准黏弹性本构问题(4.24)和(4.31)讨论，使得算法具有一般性。

算法的缺点在于计算量比直接离散的方法大，这一问题在离散接点数 n 很大时显得比较突出。为了解决这一问题，我们在下一节给出一个直接离散 Standard 模型的方法。

4.3 微分本构黏弹性轴向运动弦线的直接差分法[60]

4.3.1 控制方程的直接差分离散

本节从直接差分离散入手给出方程(4.9)的差分计算公式。在处理弹性弦线中有限差分方法已有不少应用[52][56]，但在离散微分本构的非线性项时出现下述问题：

(1) 由于问题的非线性，差分方程是非线性的，因此每步需要迭代求解，计算量大而且算法的收敛性难以保证。而将差分方程线性化处理，则计算精度较差。

(2) 差分方程的稳定性难以保证。

但在数值离散时我们发现，对微分本构的 Standard 模型，如果把横向位移 u 和轴向应力 σ 作为不同的未知量在不同的分数节点作中心差分离散，然后将本构方程和动力学方程交替迭代计算，可以得到截断误差为 2 的线性差分方程。且对弱非线性问题稳定性也较好。下面介绍这一方法。

考虑轴向运动弦线受到外力作用的情况。此时横向振动的动力学方程(4.9)化为下面的形式

$$\frac{\partial^2 u}{\partial t^2}+G\frac{\partial u}{\partial t}+Ku=p\cos(\omega t)\frac{\partial^2 u}{\partial x^2}+\frac{\partial}{\partial x}\left(s\frac{\partial u}{\partial x}\right)+f(t,\ x) \quad (4.38)$$

其中 $F(T,\ X)$ 为外力，

$$f(t,\ x)=\frac{L}{P_0}F(T,\ X)$$

引入时间步长 Δt 和空间步长 Δx，在方程的定义域 $0\leqslant x\leqslant 1$，$t\geqslant 0$ 上建立等距网格

$$x_j = j\Delta x,\ j = 0,\ 1,\ 2\cdots,\ n;\ t_i = i\Delta t,\ i = 1,\ 2,\ \cdots \tag{4.39}$$

并记 $x_{j+1/2}$ 为 x_j 和 x_{j+1} 的中点，$t_{j+1/2}$ 为 t_j 和 t_{j+1} 的中点。在点 $(t_{i+1/2},\ x_j)$ 点对方程(4.38)离散。设函数 $u(t,\ x)$ 和 $s(t,\ x)$ 充分光滑，利用 Taylor 展式得到

$$\frac{\partial u}{\partial t}(t_{i+1/2},\ x_j) = \frac{u(t_{i+1},\ x_j) - u(t_i,\ x_j)}{\Delta t} + O(t^2) \tag{4.40a}$$

$$\frac{\partial u}{\partial t}(t_{i+1/2},\ x_j) = \frac{1}{4\Delta x}(u(t_{i+1},\ x_{j+1}) - u(t_{i+1},\ x_{j-1}) + u(t_i,\ x_{j+1}) - u(t_i,\ x_{j-1})) + O(\Delta t^2 + \Delta x^2) \tag{4.40b}$$

$$\frac{\partial}{\partial x}\left(s\frac{\partial u}{\partial x}\right)(t_{i+1/2},\ x_j) = \frac{1}{\Delta x^2}\left[s_{j+1/2}^{i+1/2}(u_{j+1}^{i+1/2} - u_j^{i+1/2}) - s_{j-1/2}^{i+1/2}(u_j^{i+1/2} - u_{j-1}^{i+1/2})\right] + O(\Delta t^2 + \Delta x^2) \tag{4.40c}$$

把(4.38)式看作含有空间变量微分算子的关于时间的二阶常微分方程，首先降维为一阶常微分方程组

$$v = \frac{\partial u}{\partial t} \tag{4.41a}$$

$$\frac{\partial v}{\partial t} + Gv + Ku = p\cos(\omega t)\frac{\partial^2 u}{\partial x^2} + \frac{\partial}{\partial x}\left(s\frac{\partial u}{\partial x}\right) + f(t,\ x) \tag{4.41b}$$

将(4.40)的各式代入方程(4.41)，略去高阶小量 $O(\Delta t^2 + \Delta x^2)$，即得到方程(4.9)在点 $(t_{i+1/2},\ x_j)$ 的差分方程

$$u_j^{i+1} - u_j^i = \frac{\Delta t}{2}(v_j^{i+1} + v_j^i) \tag{4.42a}$$

$$v_j^{i+1} - v_j^i = -\frac{\gamma_{i+1/2}\Delta t}{2\Delta x}Lu_j^i + \frac{(1-\gamma_{i+1/2}^2)\Delta t}{2\Delta x}L_1 u_j^i +$$

$$\frac{\Delta t}{2\Delta x^2}\Big[s_{j+1/2}^{i+1/2}(u_{j+1}^{i+1}-u_j^{i+1}+u_{j+1}^i-u_j^i)-$$

$$s_{j-1/2}^{i+1/2}(u_j^{i+1}-u_{j-1}^{i+1}+u_j^i-u_{j-1}^i)\Big]+f(t_{i+1},\ x_j) \quad (4.42b)$$

其中

$$Lu_j^i = u_{j+1}^{i+1}-u_{j-1}^{i+1}+u_{j+1}^i-u_{j-1}^i \tag{4.43}$$

$$L_1 u_j^i = u_{j+1}^{i+1}-2u_j^{i+1}+u_{j-1}^{i+1}+u_{j+1}^i-2u_j^i+u_{j-1}^i \tag{4.44}$$

不同的本构关系确定算法中 s_j^i 的形式。由于 s 是 u 的非线性函数，因此(4.42)是非线性差分方程组。

4.3.2 黏弹性弦线 Standard 本构模型的交替迭代法

考虑黏弹性微分本构标准模型(4.4)(4.5)。引入参数变换

$$\eta_v=\frac{E_1+E_2}{\eta}\left(\frac{\rho AL^2}{P}\right)^{1/2},\ E=\frac{E_1E_2}{E_1+E_2}\frac{A}{T}\eta_v,\ E_v=\frac{\eta}{E_2}\left(\frac{T}{\rho AL^2}\right)^{1/2}$$

把本构方程(4.2)变换为无量纲形式

$$\left(\eta_v+\frac{\partial}{\partial t}\right)s=\frac{E}{2}\left(1+E_v\frac{\partial}{\partial t}\right)\left(\frac{\partial u}{\partial x}\right)^2 \tag{4.45}$$

将方程(4.45)在点 $(t_i,\ x_{j+1/2})$ 离散，由于

$$\frac{\partial s}{\partial t}\Big|_{(i,\ j+1/2)}=\frac{s(t_{i+1/2},\ x_{j+1/2})-s(t_{i-1/2},\ x_{j+1/2})}{\Delta t}+O(\Delta t^2) \tag{4.46}$$

$$s(t_i,\ x_{j+1/2})=\frac{1}{2}(s(t_{i+1/2},\ x_{j+1/2})+s(t_{i-1/2},\ x_{j+1/2}))+O(\Delta t^2) \tag{4.47}$$

$$\frac{\partial u}{\partial x}\Big|_{(i,\ j+1/2)}=\frac{u(t_i,\ x_{j+1})-u(t_i,\ x_j)}{\Delta x}+O(\Delta x^2) \tag{4.48}$$

$$\frac{\partial^2 u}{\partial t \partial x}\Big|_{(i,\, j+1/2)} = \frac{v(t_i,\, x_{j+1}) - v(t_i,\, x_j)}{\Delta x} + O(\Delta x^2) \quad (4.49)$$

把(4.46)-(4.49)式代入(4.45)式,舍去高阶小量 $O(\Delta t^2 + \Delta x^2)$ 得到差分方法

$$\frac{s_{j+1/2}^{i+1/2} - s_{j+1/2}^{i-1/2}}{\Delta t} + \frac{\eta_v}{2}(s_{j+1/2}^{i+1/2} + s_{j+1/2}^{i-1/2})$$

$$= \frac{E}{2}\left(\frac{u_{j+1}^i - i_j^i}{\Delta x}\right)^2 + EE_v \frac{u_{j+1}^i - u_j^i}{\Delta x}\frac{v_{j+1}^i - v_j^i}{\Delta x}$$

$$j = 0, 1, 2, \cdots, n-1, \quad i = 0, 1, 2, \cdots \quad (4.50)$$

差分方程组(4.42)和差分方程组(4.50)可以交替地进行,从而每步只需求解两个线性的差分方程组,计算量大大减少。算法的截断误差阶是 $O(\Delta x^2 + \Delta t^2)$。当 $s=0$ 时,利用 Von Neumann 的方法可以直接验证算法的稳定性。

引入向量

$$U^i = (u_1^i, u_2^i, \cdots, u_n^i)^{\mathrm{T}}, \quad V^i = (v_1^i, v_2^i \cdots, v_n^i)^{\mathrm{T}}, \quad (4.51)$$

$$S^{i+1} = (s_{1/2}^{i+1/2}, s_{3/2}^{i+1/2}, s_{5/2}^{i+1/2}, \cdots, s_{n+1/2}^{i+1/2})^{\mathrm{T}} \quad (4.52)$$

上述交替迭代过程可以表示为向量形式

$$(I \quad (-\Delta t/2)I)\begin{pmatrix} U^{i+1} \\ V^{i+1} \end{pmatrix} = (I \quad (\Delta t/2)I)\begin{pmatrix} U^i \\ V^i \end{pmatrix} \quad (4.53)$$

$$\begin{pmatrix} h_1 & g_1 & & & 0 & 1 & k & & & 0 \\ f_2 & h_2 & g_2 & & & -k & 1 & k & & \\ & \ddots & \ddots & \ddots & & & \ddots & \ddots & \ddots & \\ & & f_{n-1} & h_{n-1} & g_{n-1} & & & -k & 1 & k \\ 0 & & & f_n & h_n & 0 & & & -k & 1 \end{pmatrix} \begin{pmatrix} u_1^{i+1} \\ \vdots \\ u_n^{i+1} \\ v_1^{i+1} \\ \vdots \\ v_n^{i+1} \end{pmatrix}$$

$$= \begin{bmatrix} -h_1 & -g_1 & & & 0 & 1 & -k & & 0 \\ -f_2 & -h_2 & -g_2 & & & k & 1 & -k & \\ & \ddots & \ddots & \ddots & & & \ddots & \ddots & \ddots \\ & & -f_{n-1} & -h_{n-1} & -g_{n-1} & & & k & 1 & -k \\ 0 & & & -f_n & -h_n & 0 & & & k & 1 \end{bmatrix} \begin{bmatrix} u_1^i \\ \vdots \\ u_n^i \\ v_1^i \\ \vdots \\ v_n^i \end{bmatrix} \tag{4.54}$$

$$S^{i+1} = S^i + \frac{\Delta t}{(1+\eta_v \Delta t/2)} \begin{bmatrix} F_1(U^i, V^i) \\ \vdots \\ F_n(U^i, V^i) \end{bmatrix} \tag{4.55}$$

其中

$$h_j = (1-(r^{i+1/2})^2 + s_{j+1/2}^{i+1/2} + s_{j-1/2}^{i+1/2})\Delta t/2\Delta x^2$$

$$g_j = -[(1-(r^{i+1/2})^2) + s_{j+1/2}^{i+1/2}]\Delta t/2\Delta x^2$$

$$f_j = -[(1-(r^{i+1/2})^2) + s_{j-1/2}^{i+1/2}]\Delta t/2\Delta x^2$$

$$k = r^{i+1/2}\Delta t/2\Delta x$$

$$F_j(U^i, V^i) = \frac{E}{2}\left(\frac{u_{j+1}^i - u_j^i}{\Delta x}\right)^2 + EE_v \frac{(u_{j+1}^i - u_j^i)(v_{j+1}^i - v_j^i)}{\Delta x^2} \tag{4.56}$$

$$j = 1, 2, \cdots, n \quad i = 1, 2, \cdots, n$$

由于$\{s_j^0\}$由方程的初始条件确定，迭代的初始值$\{s_j^{1/2}\}$可以利用$\{s_j^0\}$，$\{s_j^{1/2}\}$和$\{s_j^{3/2}\}$的插值得到。例如，利用公式$\{s_j^{3/2}\} = -2\{s_j^0\} + \{s_j^{1/2}\}$可以得到截断误差为2阶的初始近似值$\{s_j^{1/2}\}$，但必须求解它和(4.50)的第一个方程联立的非线性方程组。

本算法的特点是利用方程自身的特点，通过在不同的分数节点上离散并进行交替迭代，把非线性的问题化为交替的线性方法计算，大大简化了问题。

尽管本节的交替方向迭代计算简单且有较高的计算精度，但算法的稳定性要求非线性项较小。这是它与 4.2 节算法比较的缺点。它适应于弱非线性问题的求解，而 4.2 节的算法对非线性项较大时仍然适用。

4.4 微分本构黏弹性轴向运动弦线横向振动的参数振动分析

本节研究微分本构黏弹性轴向运动弦线的模型参数对横向振动的影响。其中的材料数据和几何数据按照材料手册[104]中选取为

$$E_1 = E_2 = E_3 = 3.0 \times 10^9\ \mathrm{N/m^2},\ \eta_1 = \eta_2 = 1.5 \times 10^6\ \mathrm{sN/m^2},$$
$$T_0/A = 7.5 \times 10^6\ \mathrm{N/m^2},\ \rho = 7.68 \times 10^3,\ L = 0.1\ \mathrm{m}。\tag{4.57}$$

方程的初始条件取为

$$u(0,\ x) = 0.1x(1-x),\ \frac{\partial u}{\partial t}(0,\ x) = 0 \tag{4.58}$$

利用无量纲化变量替换(4.8)(4.23)和(4.30)，得到无量纲化参数。下面考虑无量纲化参数 ω, p, γ 的变化对弦线振动的影响。在下面的例子中，未指明取值的量为(4.57)中的量的无量纲化的值。

首先考虑黏弹性微分本构的标准模型的例子。这里利用直接差分法求解。首先考虑系统参数的变化对弦线振动的影响。图 4.1 给出了不同的张力参数 p 对弦线振动的影响。图 4.2 描述了轴向加速度的幅值的变化对振动的影响，可以看出，周期性轴向加速度的大小不仅影响振动的周期，产生振动频率的周期性变化，而且对振动的幅值有影响。图 4.2 下图中，由于轴向加速度的影响，振动的幅值不断增大。在增大到一定程度后，由黏弹性的影响回落。图 4.3 描述了无量纲速度的大小对振动的影响。

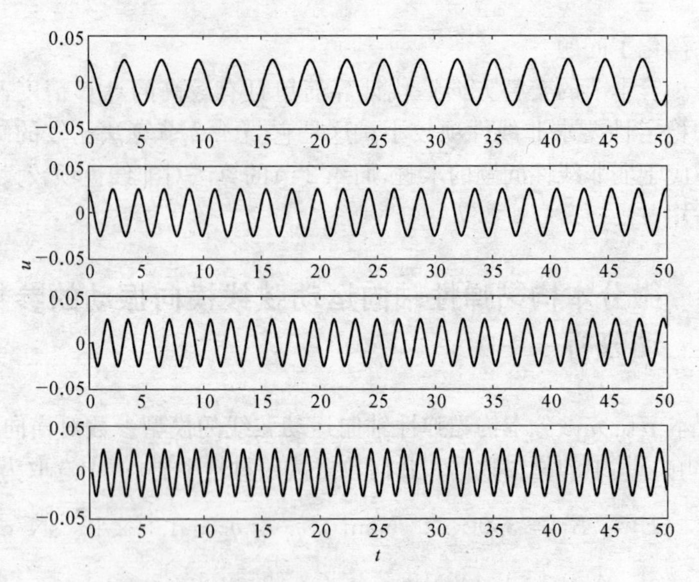

图 4.1　参数 p 的大小对振动的影响($\gamma=0.4$)

上图：$p=0.1$，中上图：$p=0.3$，中下图：$p=0.5$，下图：$P=0.7$

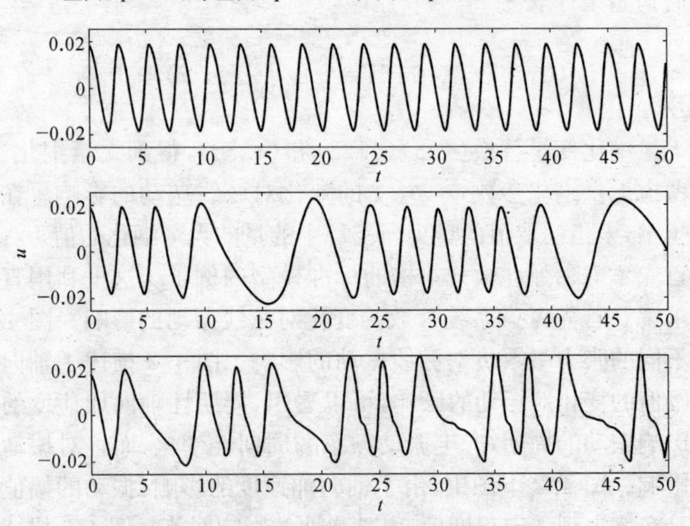

图 4.2　加速度大小对振动的影响($\gamma=0.4$)

上图：$\Omega=0$，中图：$\Omega=2\pi$，下图：$\Omega=5\pi$

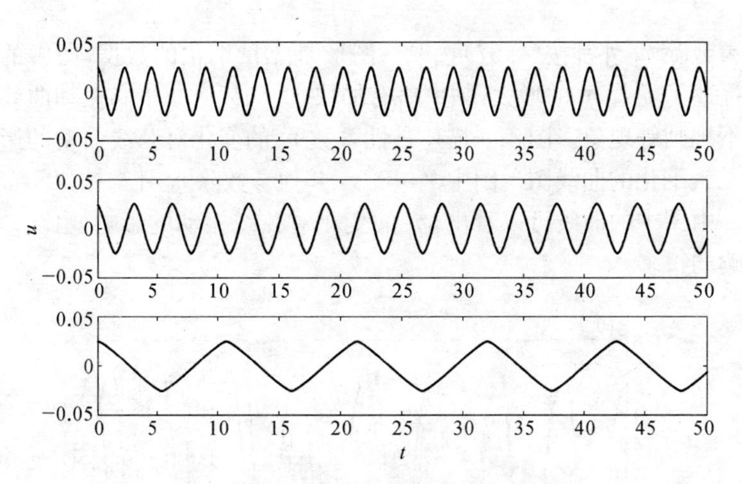

图 4.3　速度大小对振动的影响(p=0.4)

上图：γ=0.3,中图：γ=0.6,下图：γ=0.9

下面讨论 Maxwell - Kelvin 模型中的黏性参数 η_1，η_2 的改变对弦线振动的影响。初始条件取为

$$u(0,\ x)=0.05x(1-x),\ \frac{\partial u}{\partial t}(0,\ x)=0.05x(1-x) \qquad (4.59)$$

图 4.4 描述黏性系数 η_2 的变化对弦线振动的影响。图中 $\gamma=0.2$，其

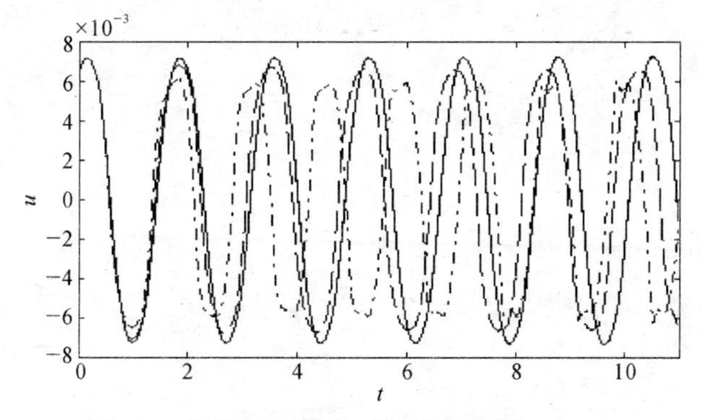

图 4.4　参数 η_2 的变化对振动的影响(γ=0.2)

实线：$\eta_2=1.5\times10^6$，虚线：$\eta_2=1.5\times10^7$，点划线：$\eta_2=1.5\times10^8$

他参数除 η_2 外都按(4.57)选取。图形是无量纲化的数据，图中的曲线描述了随着 η_2 的增大，频率略有加快，振动频率减小和振动曲线变的不规则等现象。图 4.5 描述黏性系数 η_1 的变化对弦线振动的影响的无量纲化的曲线图。图中 $\gamma=0.4$，其他参数除 η_1 外都按(4.57)选取。由图中的曲线可以看出，η_1 的变化对弦线振动的影响要比 η_2 的影响弱得多。

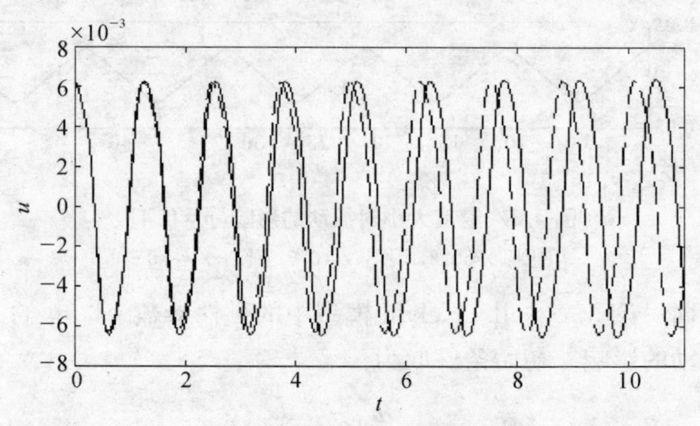

图 4.5　参数 η_1 的变化对振动的影响($\gamma=0.4$)

实线：$\eta_2=1.5\times10^8$，虚线：$\eta_2=1.5\times10^5$

第五章 积分本构黏弹性轴向运动弦线横向振动的数值方法和动力学分析

5.1 引言

与弹性材料比较,黏弹性材料的特点在于其变形的恢复过程是长期的非线性的过程。与微分本构模型比较,积分本构模型更容易描述这一过程。积分本构模型分为单积分本构模型和复合积分本构模型。其中单积分本构关系中的需要实验确定的参数相对较少,使用比较方便,因此是大多数研究工作者的选择。积分本构黏弹性轴向运动弦线的动力学分析从 Fung, Huang 和 Chen(1997)[38] 的第一篇文章以来,已有较深入的研究,研究主要是通过数值和半数值的方法进行。数值分析的方法以半离散的方法为主,即利用变分的方法如有限元法和 Galerkin 方法离散空间变量,把模型截断为非线性常微分/积分方程组的初值问题,然后利用 Runge - Kutta 方法或其他数值方法求解。求解这样一个初值问题的主要困难是在每一时间步上需要计算大量的形如

$$\int_0^t f(t,\ \tau)\mathrm{d}\tau$$

的积分。上述积分的数值计算要利用从初始计算开始的每一时间层的数据信息,因此利用数值积分的方法计算这些积分项,需要存储大量的历史数据,计算误差也比较大,而且随着时间的增加,积分区间不断加长。这不仅引起计算量和存储量的快速增加,利用数值积分的计算精度也不断降低。对这样一个问题,许多文献采用通用的数

值积分方法如加权梯度法等[38]，由于计算的复杂性，讨论一般限于短时间的瞬态振动的分析。有的文献提出了改进计算的方法和技巧。如 Chen，Zu 和 Wu[107] 在处理单指数松弛函数的积分本构项

$$\int_0^t e^{t-\tau} f(\tau)\mathrm{d}\tau$$

时，通过把上述积分项作为新的变量引入微分/积分方程组，可以消去积分项，但大大增加了方程组的维数，从而增加了计算复杂性。

从我们掌握的文献看，对于这一类模型，目前的数值分析主要采用低阶 Galerkin 方法，分析的也多是瞬态的振动。要提高计算精度，或进行长时间的动力学分析，必须设法降低积分项的计算工作量。本节通过在两相邻时间节点之间建立所有积分项组成的张量的递推关系式，利用迭代算法代替数值积分运算，避免了每一时间步上长时间区间上的大量数值积分计算，大大减少了数值计算量，计算精度也有一定提高。

下面建立有关算法。考虑较一般的动力学模型(2.26)和线性黏弹性本构模型(2.6)(2.8)。引入有限元的 Hermite 插值函数[105,106]

$$\psi_i(x),\quad i=0,1,2,\cdots,2n$$

作为 Galerkin 方法的基函数，构成试探函数空间。其中

$$\psi_{2k-1}(x)=\begin{cases}\left(1-\dfrac{|x-x_k|}{h}\right)^2\left(\dfrac{2|x-x_k|}{h}+1\right) & |x-x_k|\leqslant h\\ 0 & otherwise\end{cases}\tag{5.1}$$

$$\psi_{2k}(x)=\begin{cases}(x-x_k)\left(\dfrac{|x-x_k|}{h}-1\right)^2 & |x-x_k|\leqslant h\wedge 0\leqslant x\leqslant 1\\ 0 & otherwise\end{cases}\tag{5.2}$$

作解的近似函数

$$u_h(x, t) = \sum_{i=0}^{2n} \varphi_i(t)\psi_i(x) \tag{5.3}$$

定义内积

$$< \psi_i, \psi_j >= \int_0^1 \psi_i(x)\psi_j(x)\mathrm{d}x \tag{5.4}$$

则未知函数 $\{\varphi_i(t)\}$ 可以通过求解下面的微分积分方程组得到

$$< \boldsymbol{L}u_h, \psi_i >= 0 \quad i = 0, 1, 2, \cdots, 2n \tag{5.5}$$

其中

$$\boldsymbol{L} = \frac{\partial^2}{\partial t^2} + 2\gamma\frac{\partial^2}{\partial t\partial x} + (\gamma^2 - 1 - v\cos(\omega t))\frac{\partial^2}{\partial x^2} + \dot{\gamma}\frac{\partial}{\partial x} - \frac{3e_0}{2}\left(\frac{\partial}{\partial x}\right)^2\frac{\partial^2}{\partial x^2} +$$

$$\frac{1}{2}\frac{\partial^2}{\partial x^2}\frac{\partial}{\partial t}\left(E * \left(\frac{\partial}{\partial x}\right)^2\right) + \frac{\partial}{\partial x}\frac{\partial}{\partial t}\left(E * \frac{\partial}{\partial x}\frac{\partial^2}{\partial x^2}\right)$$

是非线性偏微分/积分算子。对偏微分/积分方程的初始条件

$$u(x, 0) = f(x), u_t(x, 0) = f_1(x)$$

对应的常微分方程组的初始条件

$$\varphi_i^0 \quad i = 1, 2, \cdots, 2n$$

$$\varphi_i^1 \quad i = 1, 2, \cdots, 2n$$

可以通过求解下面的代数方程组得到

$$\sum_{i=0}^{2n} \psi_i(x_k)\varphi_i^0 = f(x_k) \quad k = 0, 1, 2, \cdots, 2n \tag{5.6}$$

$$\sum_{i=0}^{2n} \psi_i(x_k)\varphi_i^1 = f_1(x_k) \quad k = 0, 1, 2, \cdots, 2n \tag{5.7}$$

对空间变量离散后得到的方程组是大型的常微分/积分方程组，由于方程组中含有大量的积分项，直接利用数值积分计算，计算量随

着时间的增加而加大，给长时间的数值计算造成了困难。本文建立了两个时间步之间的积分项的递推关系式。利用递推关系，每一步不需要计算数值积分，大大减少了计算工作量，计算精度也有所提高。

5.2 积分本构中积分项的递推计算公式[107]

在方程(5.5)中，包含卷积的项为

$$< \frac{1}{2}\frac{\partial^2 u_h}{\partial x^2}\frac{\partial}{\partial t}\left(E*\left(\frac{\partial u_h}{\partial x}\right)^2\right)+\frac{\partial u_h}{\partial x}\frac{\partial}{\partial t}\left(E*\frac{\partial u_h}{\partial x}\frac{\partial^2 u_h}{\partial x^2}\right), \psi_i > \tag{5.8}$$

由于

$$\frac{\partial}{\partial t}\left(E*\left(\frac{\partial u_h}{\partial x}\right)^2\right)=\sum_{|i-j|\leqslant 3}\frac{\mathrm{d}}{\mathrm{d}t}(E*(\varphi_i\varphi_j))\psi_i'\psi_j' \tag{5.9}$$

$$\frac{\partial}{\partial t}\left(E*\left(\frac{\partial u_h}{\partial x}\frac{\partial^2 u_h}{\partial x^2}\right)\right)=\sum_{|i-j|\leqslant 3}\frac{\mathrm{d}}{\mathrm{d}t}(E*(\varphi_i\varphi_j))\psi_i''\psi_j' \tag{5.10}$$

因此，在利用数值计算方法如 Runge - Kutta 方法求解 Galerkin 截断方程组时，每个时间步需要计算下面的积分项

$$\Psi_{ij}=\frac{\mathrm{d}}{\mathrm{d}t}(E*(\varphi_i\varphi_j))\quad i=0,1,2,\cdots,2n,\quad |j-i|\leqslant 3 \tag{5.11}$$

如果这些积分项采用通用的数值积分法如加权梯形公式等，则随着计算的时间长度增加，每步的计算量增加很快，成为数值仿真的很大负担。如果将(5.11)中的各项设成新的变量。对于指数型本构关系，这样可以消去积分项，但微分方程组的阶数大大增加，从而增加了微分方程的求解难度。而且这种方法只适用于松弛函数为指数函数的积分本构，不适用于其他本构关系如分数导数本构关系等。

本文从另一个角度考虑，通过建立数值计算中的在相邻时间步间的积分项的递推关系式来避免大量积分的计算。考虑线性指数型

本构关系的复合形式

$$E(t)=\sum_{i=1}^{N}b_i(\mathrm{e}^{-c_it}-1) \quad b_i, c_i>0 \tag{5.12}$$

记 $g_{ij}(t)=\varphi_i(t)\varphi_j(t)$，将(5.12)代入(5.11)得到

$$\Psi_{ij}(t)=\frac{d}{\mathrm{d}t}\int_0^t E(t-\tau)g_{ij}(\tau)\mathrm{d}\tau \tag{5.13}$$

记

$$\boldsymbol{b}=(b_1 \quad b_2 \quad \cdots \quad b_N)^{\mathrm{T}}, \quad \boldsymbol{bc}=(b_1c_1 \quad b_2c_2 \quad \cdots \quad b_Nc_N)^{\mathrm{T}},$$

$$\boldsymbol{c}=(c_1 \quad c_2 \quad \cdots \quad c_N)^{\mathrm{T}}, \quad \boldsymbol{l}=(1 \quad 1 \quad \cdots \quad 1)^{\mathrm{T}}, \tag{5.14}$$

$$\boldsymbol{\Psi}_{ij}(t)=-\mathrm{diag}(\boldsymbol{bc})\int_0^t \mathrm{e}^{-c(t-\tau)}g_{ij}(\tau)\mathrm{d}\tau$$

其中 diag($\boldsymbol{v}$) 表示以向量 $\boldsymbol{v}$ 为对角元的对角矩阵。利用上述向量和矩阵符号，Ψ_{ij} 可以表示成

$$\Psi_{ij}=\boldsymbol{l}^{\mathrm{T}}\boldsymbol{\Psi}_{ij} \tag{5.15}$$

对于等距节点 $0=t_0<t_1<\cdots<t_k<\cdots$， $h=t_{k+1}-t_k$ 有

$$\begin{aligned}\boldsymbol{\Psi}_{ij}(t_{k+1}) &=-\mathrm{diag}(\boldsymbol{bc})\int_0^{t_{k+1}}\mathrm{e}^{-c(t_{k+1}-\tau)}g_{ij}(\tau)\mathrm{d}\tau \\ &=-\mathrm{diag}(\boldsymbol{bc})\left[\int_0^{t_k}\mathrm{e}^{-c(t_k-\tau+h)}g_{ij}(\tau)\mathrm{d}\tau+\int_{t_k}^{t_{k+1}}\mathrm{e}^{-c(t_k-\tau+h)}g_{ij}(\tau)\mathrm{d}\tau\right] \\ &=\mathrm{diag}(\mathrm{e}^{-ch})\boldsymbol{\Psi}_{ij}(t_k)-\mathrm{diag}(\boldsymbol{bc})\int_0^h \mathrm{e}^{c\tau}g_{ij}(t_k+\tau)\mathrm{d}\tau\end{aligned} \tag{5.16}$$

其中，(5.16)式右端第二项通过变量替换 $\tau'=t_k+\tau$ 得到。将加权梯形公式对这一项作数值离散得到递推关系

$$\boldsymbol{\Psi}_{ij}(t_{k+1})=\mathrm{diag}(\mathrm{e}^{-ch})\boldsymbol{\Psi}_{ij}(t_k)+\mathrm{diag}(\boldsymbol{b})(1-\mathrm{e}^{-ch})(g_{ij}(t_k)+g_{ij}(t_{k+1}))/2$$

$$\boldsymbol{\Psi}_{ij}(t_0)=0 \quad k=0, 1, 2, \cdots$$

$$\Psi_{ij}(t_k) = \boldsymbol{l}^T \boldsymbol{\Psi}_{ij}(t_k) \tag{5.17}$$

利用张量符号,迭代过程(5.17)可以表示为

$$\boldsymbol{\Psi}(t_{k+1}) = \mathrm{diag}(\mathrm{e}^{-ch}) \otimes \boldsymbol{\Psi}(t_k) + \mathrm{diag}(\boldsymbol{b})(1-\mathrm{e}^{-ch}) \otimes (G(t_k)+G(t_{k+1}))/2$$

$$\boldsymbol{\Psi}(t_0) = 0 \tag{5.18}$$

$$\Psi(t_k) = (\boldsymbol{l}^T \Psi_{ij}(t_k))_{i,\, j=0}^{2n}$$

其中

$$\boldsymbol{\Psi}(t_k) = (\Psi_{ij}(t_k)) \qquad i,\, j = 0,\, 1,\, \cdots,\, 2n,$$

$$G(t_k) = (g_{ij}), \quad i,\, j = 0,\, 1,\, \cdots,\, 2n。$$

迭代过程(5.17)建立了每个积分项在相邻时间步的迭代关系,因此避免了大量的数值积分运算。但是,上述迭代方法只给出了在节点 t_k, $k = 1, 2, \cdots$ 上的数值结果。当使用 m 步 Runge - Kutta 方法求解微分方程组

$$\dot{Y} = F(t, Y) \tag{5.19}$$

时,在第 k 个时间步需要计算 $[t_k, t_{k+1}]$ 上 F 的 m 个不同的函数值,这 m 个点的自变量也不是等距的。因此,在利用 Runge - Kutta 方法求解时,只建立函数在 t_k 和 t_{k+1} 的值的递推关系是不够的。为了解决这一问题,可以将(5.18)式改成更一般的形式

$$\boldsymbol{G}(t) = \mathrm{diag}(\mathrm{e}^{-c(t-t_k)} \otimes \boldsymbol{G}(t_k)) - \mathrm{diag}(\boldsymbol{b})(1-\mathrm{e}^{-c(t-t_k)}) \otimes (G(t_k)+G(t))/2$$

$$t_k < t \leqslant t_{k+1}, \quad k = 0,\, 1,\, 2,\, \cdots \tag{5.20}$$

例 5.1 当 $N = 1$ 时,(5.12)是黏弹性材料的 Kelvin - Voigt 固体模型,它对应的迭代过程(5.18)可以写成

$$\Psi(t,\, g) = e^{-c(t-t_k)}\left[\Psi(t_k,\, g) - \frac{b(e^{c(t-t_k)}-1)}{2}(g(t_k)+g(t))\right] \tag{5.21}$$

$$t_k < t \leqslant t_{k+1} \quad k = 0, 1, 2, \cdots$$

例 5.2 利用迭代公式计算积分值(5.13)在 $t_k = kh \quad (k = 1, 2, \cdots, 100\,000)$点的值。取松弛函数 $E(t) = 1 - e^{-0.3t}$，步长 $h = 0.01$ 且 $g(t) = \sin(t)$。问题的解析解为

$$G(t) = (30/109)(0.3\sin(t) - \cos t) + e^{-0.3t} \tag{5.22}$$

利用(5.19)式计算得到的数值解见图 5.1,相应的截断误差曲线见图 5.2。如果不用上述迭代方法,而在每步计算中利用加权的复化梯形公式,计算量要大得多,精度也较差。

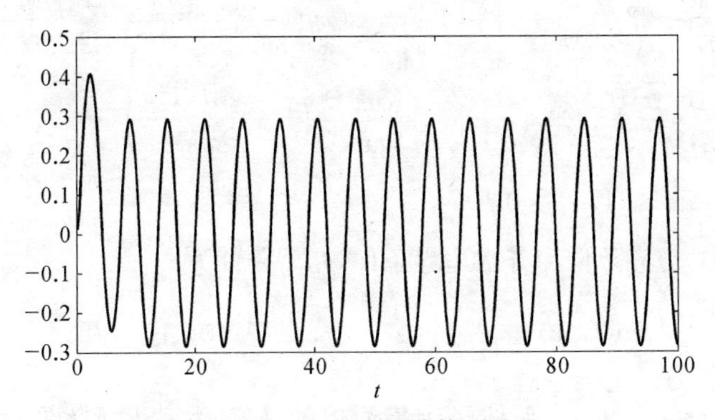

图 5.1 例 5.2 的计算结果

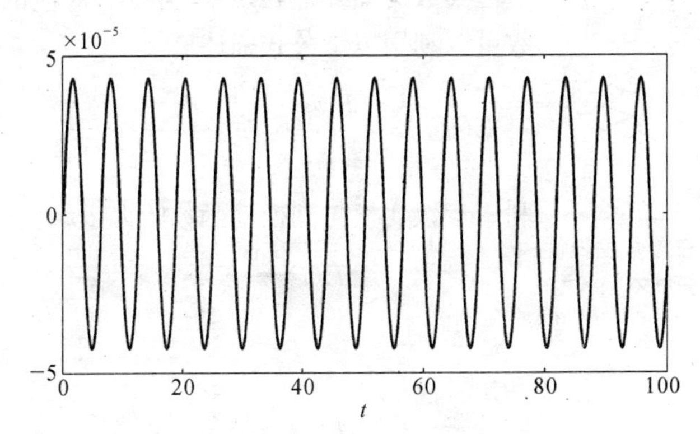

图 5.2 例 5.2 结果的截断误差

5.3 积分本构轴向运动弦线横向振动的参数振动分析

本节利用 5.2 节建立的递推方法分析积分本构黏弹性轴向运动弦线的参数的变化对系统横向振动的影响。由于本章的数值方法有较高的计算效率,利用这一算法可以分析长时间的振动过程,故本节研究弦线系统长时间运动的振动现象。

考虑无量纲化的动力学模型

$$Lu=\frac{\partial^2 u}{\partial t^2}+2\gamma\frac{\partial^2 u}{\partial t\partial x}+(\gamma^2-1-v\cos(\omega t))\frac{\partial^2 u}{\partial x^2}+\dot{\gamma}\frac{\partial u}{\partial x}-\frac{3e_0}{2}\left(\frac{\partial u}{\partial x}\right)^2\frac{\partial^2 u}{\partial x^2}+$$

$$\frac{1}{2}\frac{\partial^2 u}{\partial x^2}\frac{\partial}{\partial t}\left(E*\left(\frac{\partial u}{\partial x}\right)^2\right)+\frac{\partial u}{\partial x}\frac{\partial}{\partial t}\left(E*\frac{\partial u}{\partial x}\frac{\partial^2 u}{\partial x^2}\right)=0$$

$$0\leqslant x\leqslant 1,\ t\geqslant 0 \tag{5.23}$$

设系统的边界条件为齐次边界条件,初始条件为

$$u(0,x)=0.1x(1-x),\quad \frac{\partial u}{\partial t}(0,x)=0 \tag{5.24}$$

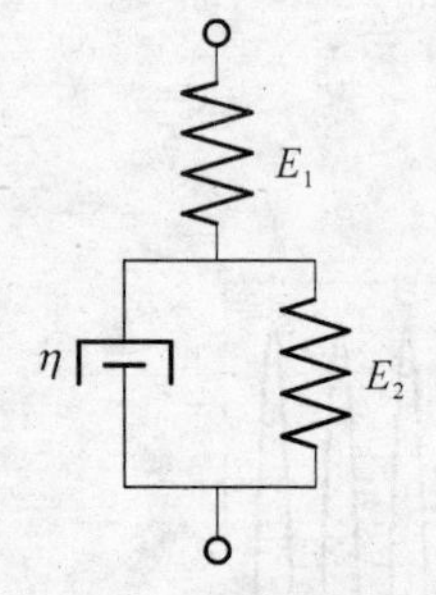

图 5.3 三参数黏弹性弦线本构模型

弦线采用最简单的弹簧-粘壶模型(图 5.3),它是三参数的黏弹性弦线本构模型,对应的松弛函数可以利用以下公式描述

$$E(T)=\frac{E_1E_2}{E_1+E_2}+\frac{E_1^2}{E_1+E_2}e^{-\frac{E_1+E_2}{\eta}T} \tag{5.25}$$

利用参数变换得到松弛函数的无量纲化形式

$$E(t)=e_0+b_1e^{-c_1t}$$

其中

$$e_0=\frac{E_1E_2}{E_1+E_2},\quad b_1=\frac{E_1^2}{E_1+E_2},$$

$$c_1 = \frac{E_1 + E_2}{\eta}\left(\frac{P_0}{\rho AL^2}\right)^{-1/2} \tag{5.26}$$

变换(5.26)利用了无量纲化参数变换(2.30)。

设模型中的无量纲化速度函数为

$$\gamma = \gamma_0 + \gamma_1 \cos(\omega_0 t)$$

影响弦线运动的相关参数有速度和加速度参数 γ_0, γ_1 和 ω_0;材料参数 e_0, b_1, c_1 和反映张力变化特性的参数 υ 和 ω。

5.3.1 低速运动轴向运动弦线的参数振动分析

在无量纲化轴向运动弦线模型中,无量纲化速度 γ 的大小对系统运动性态有重要的影响。由第二章的结论,当 $\gamma < 1$ 时,弹性系统的运动关于初始状态稳定,不会出现复杂的动力学现象。而当 $\gamma > 1$ 时,数值实验表明,系统的平衡状态一般不再稳定在静平衡位置 $u = 0$,运动过程也变得复杂。对于黏弹性弦线,尽管上述结论不再成立,当黏性项较小时,$\gamma = 1$ 仍然是系统的振动特性的重要分界点。我们把 $\gamma = 1$ 作为系统的临界速度,$\gamma < 1$ 和 $\gamma > 1$ 分别称为低速运动和高速运动。

本节讨论低速运动状态下参数对振动的影响。首先分析系统的加速度参数 ω_0 的变化对振动的影响。取 $\gamma_0 = 0.6$, $\gamma_1 = 0.1$, $e_0 = 100$, $\eta = 20$, $c_1 = b_1 = 1$, $\upsilon = \omega = 0$。图 5.4 分别给出了 $\omega_0 = 0$, 2, 10 和 20 的横向振动的数值结果,与没有加速度的情况比较,当 ω_0 较小时,该参数主要影响到弦线横向振动的拍的频率,变化呈有明显规律的线性和弱非线性。但当 $\omega_0 = 10$ 时,有规则的拍不再明显。系统的主频率没有出现显著变化,但波形曲线上出现剧烈的非线性振动。(图 5.4 中下图中波形中的黑色阴影是高频的近乎无规则的振动)继续增加 ω_0,系统的振动又趋于平稳。

图 5.5 描述速度参数 γ_0 的变化对弦线振动的影响。当 γ_0 小于 1 时,变化比较规律,由于黏性项的存在,振幅随着时间的增加而减小。

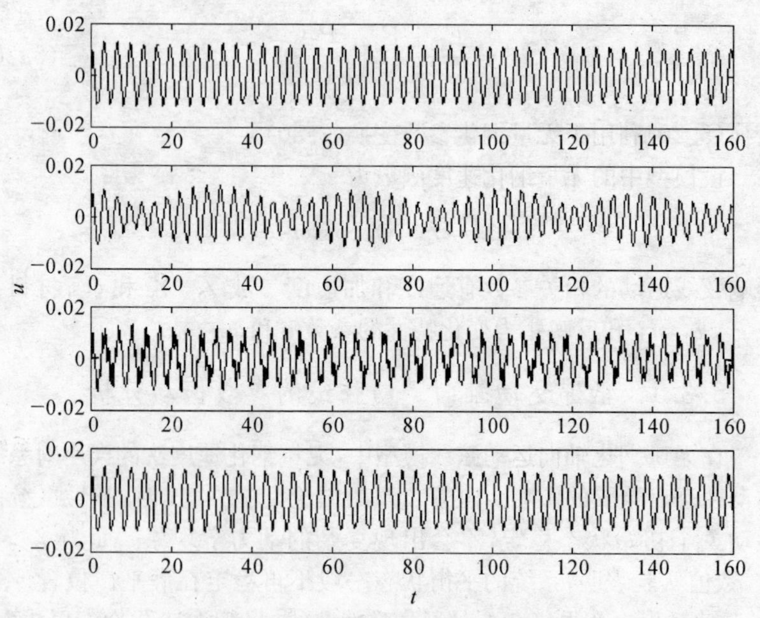

图 5.4　ω_0 的变化对弦线振动的影响

$\gamma_0=0.6, \gamma_1=0.1$, $e_0=100$, $\eta=20$, $c_1=b_1=1$

上图：$\omega_0=0$，上中图：$\omega_0=2$，下中图：$\omega_0=10$，下图：$\omega_0=20$

由于初始值较小，弦线的振动呈现弱非线性特征。随着 γ_0 的增大，振动频率不断降低。当 γ_0 接近 1 时，主频变的非常低，但出现高频小振幅的振动。当 $\gamma_0>1$ 时，主频趋向于零，高频小振幅的非线性振动成为主要的振动，且振动的平衡位置一般不再是弦线的静平衡位置。

图 5.6 显示无量纲张力参数 υ 的变化对振动的影响。υ 是平均张力 P_0 和张力的周期变化部分的幅值 P_1 的比值，它的大小反映张力的非线性部分的作用的大小。图 5.6 的上图和中图是张力周期变化部分为 0 或较小时的情况。这时，随着 υ 的增加，弦线的横向振动频率和幅值都平稳增大，但非线性张力的作用不明显，系统的振动比较规则。

图 5.7 显示周期性张力的频率 ω 的变化对弦线振动的影响。对图 5.7 的一组参数，数值实验表明，振动出现固有频率和张力的频率

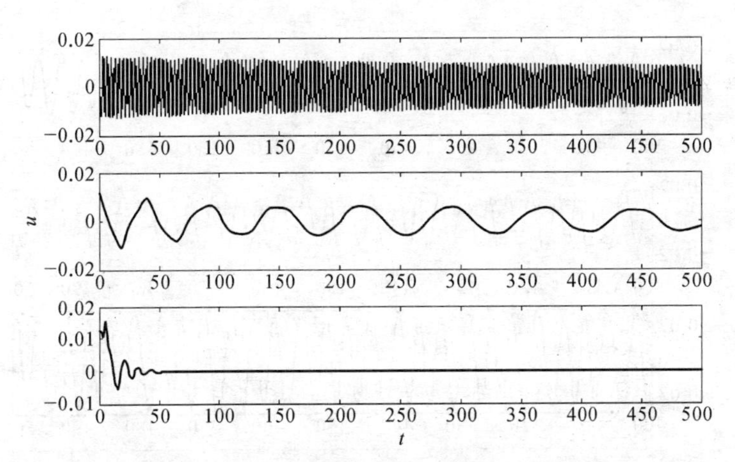

图 5.5　速度参数 γ_0 的变化对弦线振动的影响
($e_0=100$, $\eta=20$, $c_1=b_1=1$ 其他参数为零)

上图：$\gamma_0=0.6$,中图：$\gamma_0=0.99$,下图：$\gamma_0=1.1$

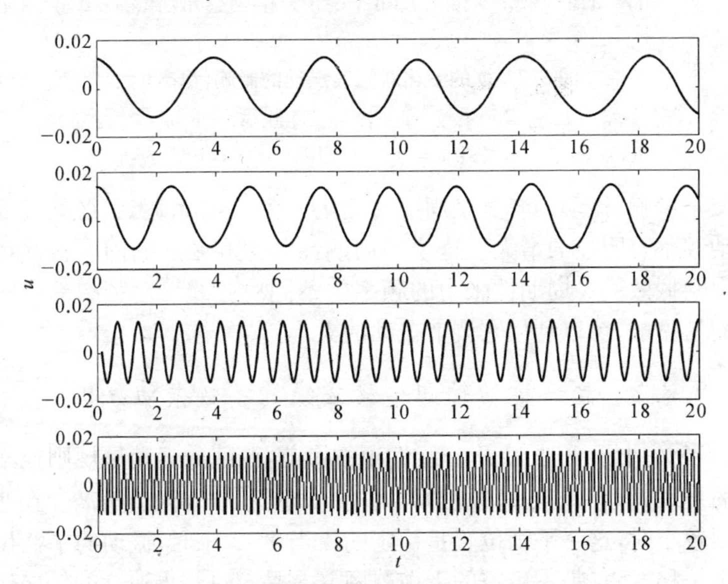

图 5.6　V 的变化对弦线振动的影响(瞬态)

$c_1=0.1$, $b_1=1$, $\gamma_0=0.6$, $\gamma_1=0.1$, $e_0=100$, $\eta=200$, $\omega=0$, $\omega_0=0.5$

上图：$v=0$,中上图：$v=1$,中下图：$v=10$,下图：$v=50$

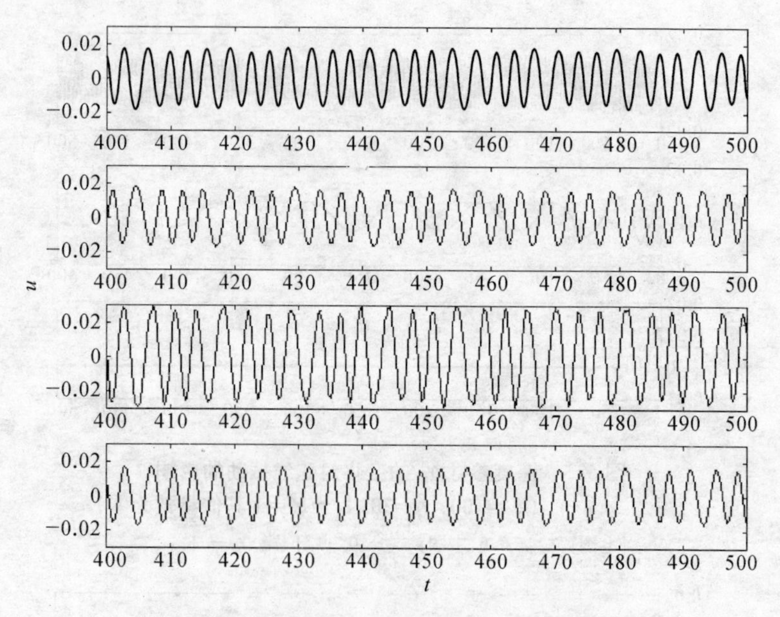

图 5.7 ω 的变化对弦线振动的影响(稳态)

$c_1=0.1$, $b_1=1$, $\gamma_0=0.6$, $\gamma_1=0.1$, $e_0=100$, $\eta=20$, $\upsilon=0.1$, $\omega_0=0.5$

上图：$\omega=0$,中上图：$\omega=\pi/3$,中下图：$\omega=5\pi$,下图：$\omega=10\pi$

的交互影响,振动的峰宽呈周期性变化。在 $\omega=5\pi$ 附近,弦线的稳态振动频率有明显的增大。这说明周期性张力和弦线的固有振动可以产生共振效应。周期性张力的频率的不同对弦线振动频率的影响是显而易见的,可以利用它调节振动的大小。

5.3.2 高速运动轴向运动弦线的参数振动分析

当 γ_0 小于1时,由于非线性项的影响,弦线的运动呈规则或不规则的振动,但有一点是共同的,即在平衡位置 $u=0$ 附近振动。在非线性项较小时,这一平衡位置是稳定的。当 $\gamma_0>1$ 时,振动的平衡位置发生偏移,而且是不稳定的平衡。图5.8是超过临界速度的轴向运动弦线的振动曲线。在运动的开始,弦线受到初始条件的作用,产生高频强烈振动,振幅和频率随速度的增大而增大。由于黏弹性参数和轴向速度参数的影响,这种振动很快衰减。由于对应线性系统的主频率为 0,系统在非线性项的作用下,在平衡位置附近作微小振动。高速运动弦线的平衡位置不再是弦线的静平衡位置,如在图 5.8 描述的例子中,当 $\gamma_0=1.5$ 时,弦线平衡位置在 $u=0.073$ 附近,当 $\gamma_0=2$ 时,则在 $u=0.12$ 附近。随着无量纲速度的增大,动平衡位置逐渐偏离静平衡位置,这种动平衡位置在 x 轴的上方或下方由初始条件决定,这说明在 $\gamma_0>1$ 时,平衡点出现分岔,在 x 轴的上方和下方各出现一个动平衡位置,这种平衡位置与速度的大小的相关性较差,而且不稳定。图 5.8 的下中图是 $\gamma_0=3$ 的情况,在 $t=600$ 附近,弦线的平衡位置发生了变化,这一反常现象说明,当速度大大超过临界速度时,弦线的振动也会出现不稳定现象。

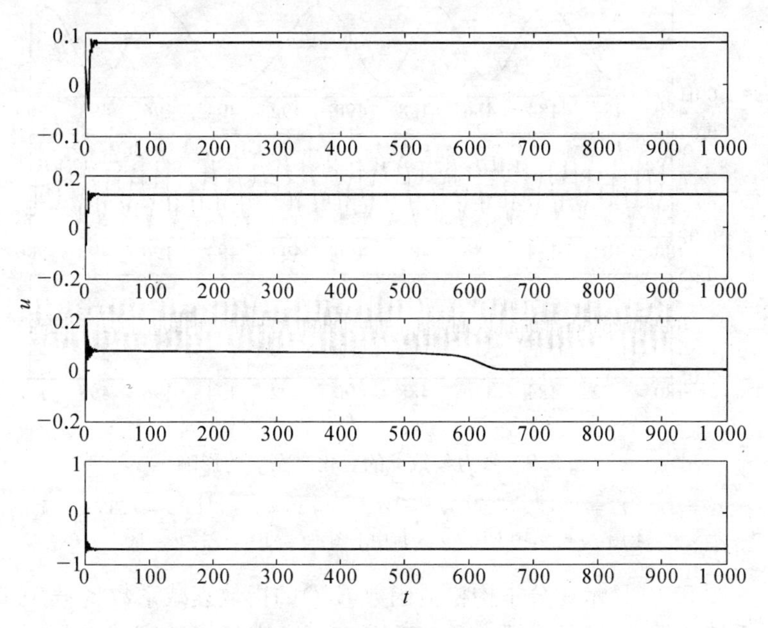

图 5.8　高速运动弦线的横向振动的不稳定平衡

上图:$\gamma_0=1.5$,上中图:$\gamma_0=2$,下中图:$\gamma_0=3$,下图:$\gamma_0=4$

$c=b=1$, $e_0=100$, $\eta=20$

图 5.9 描述了张力参数 v 的变化对高速运动弦线的横向振动的影响，这里取本构松弛函数 $E(t)$ 的指数衰减系数 $c_1=0.1$，其他参数的选取为 $\gamma_0=1.1$，$\gamma_1=0.1$，$\mathrm{e}_0=100$，$\eta=200$，$\omega=0$，$\omega_0=0.5$，$b_1=1$。由于弦线在超临界速度运动，对于 $v=0$，数值计算结果发散。当加大 v 的取值时，弦线又出现非线性振动，振动频率随着 v 的增大而增大，计算稳定性也有所提高。数值结果表明，增加 v 的值可以提高计算结果的数值稳定性。

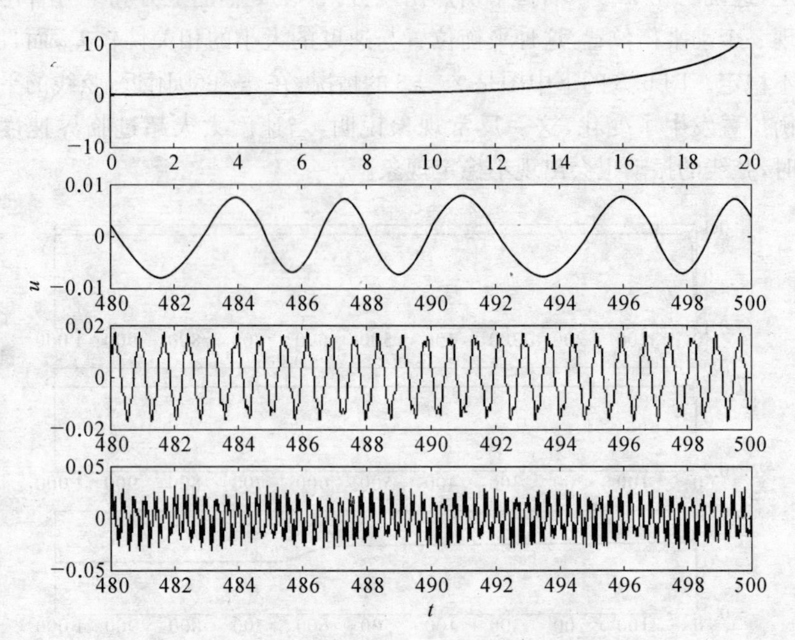

图 5.9　张力参数 υ 的变化对振动的影响

$\gamma_0=1.1$, $\gamma_1=0.1$, $\mathrm{e}_0=100$, $\eta=200$, $\omega=0$, $\omega_0=0.5$, $c=0.1$, $b=1$

上图：$\upsilon=0$，中上图：$\upsilon=1$，中下图：$\upsilon=10$，下图：$\upsilon=50$

图 5.10 显示积分本构松弛函数 $E(t)$ 的指数衰减系数 $c_1=0.01$ 时系统的振动，其他参数的取值同图 5.8。由于指数衰减系数 c_1 较小，材料对变形的恢复能力较差，初始条件对振动的影响时间要长的多。上图是 $\gamma_0=1.5$ 的情况。在 $t=500$ 附近，弦线振动的平衡位置

发生变化，说明在高速运动中，弦线的平衡位置一般不是静平衡位置且是不稳定的平衡。中图中弦线的平衡位置明显偏移静态平衡位置。从图 5.9 的三个图的对比可以看出，随着弦线系统运动速度的加快，初始条件的影响衰减加快，且动平衡位置偏离静平衡位置也越远。

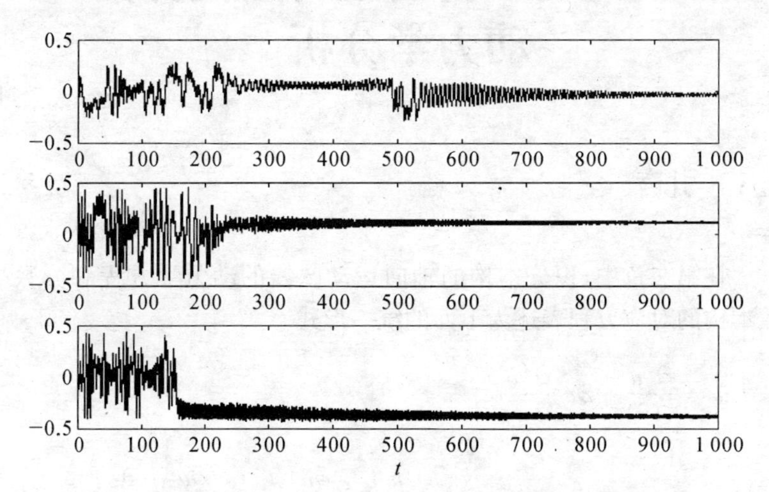

图 5.10　高速运动弦线的横向振动的不稳定平衡

上图：$\gamma_0=1.5$，中图：$\gamma_0=2$，下图：$\gamma_0=4$

$b=1$，$e_0=100$，$\eta=20$，$c=0.01$

第六章　轴向运动弦线分数导数本构模型的数值仿真和动力学分析

6.1　引言

在第二章中,积分本构的轴向运动弦线的动力学方程和分数导数本构的对应方程表述为下面的统一形式

$$
\begin{aligned}
Lu = & \frac{\partial^2 u}{\partial t^2} + 2\gamma \frac{\partial^2 u}{\partial t \partial x} + \\
& (\gamma^2 - 1 - v\cos(\omega t)) \frac{\partial^2 u}{\partial x^2} + \dot{\gamma} \frac{\partial u}{\partial x} - \frac{3e_0}{2}\left(\frac{\partial u}{\partial x}\right)^2 \frac{\partial^2 u}{\partial x^2} + \\
& \frac{1}{2} \frac{\partial^2 u}{\partial x^2} \frac{\partial}{\partial t}\left(E * \left(\frac{\partial u}{\partial x}\right)^2\right) + \frac{\partial u}{\partial x} \frac{\partial}{\partial t}\left(E * \frac{\partial u}{\partial x} \frac{\partial^2 u}{\partial x^2}\right) = 0 \quad (6.1)
\end{aligned}
$$

其中 $E(t)$ 是积分项的核函数。对于分数导数型本构关系,$E(t)$ 的一般形式可以表示为

$$
E(t) = \sum_{i=1}^{N} \frac{\eta_i t^{-\alpha_i}}{\Gamma(1-\alpha_i)} \qquad 0 < \alpha_i < 1 \qquad \eta_i > 0 \quad (6.2)
$$

本章考虑 $N=1$ 的情况。利用 Riemann - Liouville 分数导数,这种本构关系可以表示为

$$
\sigma(x, t) = E_0 \varepsilon(x, t) + \eta D_t^{\alpha}[\varepsilon(x, t)] \quad (6.3)
$$

从而积分项(5.11)可以写成

$$\frac{\mathrm{d}}{\mathrm{d}t}(E*(\varphi_i\varphi_j))=\eta\mathrm{D}^{\alpha}g_{ij}(t) \tag{6.4}$$

利用分部积分,(6.4)式右端的分数导数可以改写为

$$\mathrm{D}^{\alpha}(g_{ij})=\frac{1}{\Gamma(1-\alpha)}\int_0^t\frac{(g_{ij})'(t-\tau)}{\tau^{\alpha}}\mathrm{d}\tau+\frac{g_{ij}(0)}{\Gamma(1-\alpha)t^{\alpha}} \tag{6.5}$$

尽管分数导数(6.5)和第五章中的积分本构都含有积分项,但分数导数对应的积分项的核函数是非整数次的幂函数,不能利用第五章的递推方法直接建立递推公式。而且由于在 $t=0$ 点,分数导数(6.4)中的被积函数在 $t=0$ 点是奇点,利用 Taylor 公式等导出的递推方法,推得的结果也通常是发散的。因此,利用数值方法处理分数导数本构的运动弦线动力学模型中的积分项和积分本构模型中的积分项有很大的差别。

目前讨论计算积分项(6.5)通常采用加权的梯形方法在区间[0,t]上作数值积分[107][108][109-112]。这类方法在数值积分时把 $t^{-\alpha}$ 作为权函数,可以有效克服奇异点导致的数值计算精度低的问题,但由于离散后的常微分/积分方程组中有大量的积分项,而且随着时间变量 t 的增加,积分区间不断扩大,使得计算量非常大,而且数值积分的精度也随之下降。为了解决这一问题,许多文献提出了改进计算的方法,如 Djethelm, Neville 和 Aland(2002)[113]提出的预估较正法,朱正佑等[99]提出的直接递推的方法等,都在一定程度上改善了计算效率和精度。但由于像第五章那样构造递推公式往往导致迭代过程的发散,因此不能采用第五章构造的递推公式。本章的主要工作之一是针对分数导数本构模型,首先建立两个时间步之间由积分项组成的张量之间的可递推的形式,然后建立递推关系,达到减少计算量和提高精度的目的[114]。

6.2 分数导数本构模型的递推计算方法

为了建立递推关系,首先将积分中的奇点分离出来。当 t 较大

时,将(6.5)式中的积分分成两项

$$\int_0^t \frac{g_{ij}'(t-\tau)}{\tau^\alpha}\mathrm{d}\tau = \int_0^K \frac{g_{ij}'(t-\tau)}{\tau^\alpha}\mathrm{d}\tau + \int_K^t \frac{g_{ij}'(t-\tau)}{\tau^\alpha}\mathrm{d}\tau \qquad K \leqslant t \tag{6.6}$$

其中 K 是一个正的常数,把它取为步长的倍数。(6.6)式右端第一项是奇异积分,直接利用梯形公式离散误差较大,把积分中的奇异核 $\tau^{-\alpha}$ 作为数值积分的权函数,引入加权的梯形公式[115]

$$\int_a^b \frac{f(x)}{x^\alpha}\mathrm{d}x \approx \frac{f(a)+f(b)}{2}\int_a^b x^{-\alpha}\mathrm{d}x$$

记 $K = lh$,得到

$$\int_0^K \frac{g_{ij}'(t_k-\tau)}{\tau^\alpha}\mathrm{d}\tau = \int_{t_{k-l}}^{t_k} \frac{g_{ij}'(\tau)}{(t-\tau)^\alpha}\mathrm{d}\tau = \sum_{s=k-l}^{k-1}\int_{t_s}^{t_{s+1}} \frac{g_{ij}'(\tau)}{(t_k-\tau)^\alpha}\mathrm{d}\tau \tag{6.7}$$

$$\approx \sum_{s=k-l}^{k-1} \frac{g_{ij}(t_{s+1})-g_{ij}(t_s)}{(1-\alpha)}\,\frac{t_{k-s}^{1-\alpha}-t_{k-s-1}^{1-\alpha}}{h} \tag{6.8}$$

第二个积分区间长的多,但没有奇点。记

$$G(t_k,\, g_{ij}) = \int_{t_l}^{t_k} \frac{g_{ij}'(t_k-\tau)}{\tau^\alpha}\mathrm{d}\tau \tag{6.9}$$

利用变量代换和分步积分得

$$G(t_k,\, g_{ij}) = \int_0^{t_{k-l}} \frac{g_{ij}'(\tau)}{(t_k-\tau)^\alpha}\mathrm{d}\tau = \int_{t_l}^{t_k} \frac{g_{ij}'(t_k-\tau)}{\tau^\alpha}\mathrm{d}\tau$$

$$= \frac{g_{ij}(t_{k-l})}{t_l^\alpha} - \frac{g_{ij}(0)}{t_k^\alpha} - \alpha\int_{t_l}^{t_k} \frac{g_{ij}(t_k-\tau)}{\tau^{\alpha+1}}\mathrm{d}\tau \tag{6.10}$$

利用指数函数作幂函数的线性最小二乘逼近

$$\min_{\gamma_i}\int_{t_l}^{\infty}\left(1/\tau^{\alpha+1} - \sum_{i=1}^{s}\gamma_i \mathrm{e}^{-\beta_i(\tau-t_l)}\right)^2\mathrm{d}\tau \tag{6.11}$$

其中 $\boldsymbol{\beta}=(\beta_1 \quad \beta_2 \quad \cdots \quad \beta_s)^{\mathrm{T}}$ 是给定的正向量。最小二乘问题(6.11)的解向量

$$\boldsymbol{\gamma}=(\gamma_1 \quad \gamma_2 \quad \cdots \quad \gamma_s)^{\mathrm{T}}$$

可以通过求解下面最小二乘问题的法方程组得到

$$\boldsymbol{A\gamma}=\boldsymbol{b} \tag{6.12}$$

其中

$$\boldsymbol{A}=-\left(\frac{1}{\beta_i+\beta_j}\right)_{i,\,j=1}^{s},\quad \boldsymbol{b}=\left(\int_0^{\infty}\frac{e^{-\beta_i\tau}\mathrm{d}\tau}{(\tau+t_l)^{\alpha+1}}\right)_{i=1}^{s} \tag{6.13}$$

例 6.1 设 $\alpha=0.5$。在(6.11)中取 $s=10$，$\boldsymbol{\beta}=(0.001 \quad 0.01 \quad 0.1 \quad 0.3 \quad 0.4)^{\mathrm{T}}$，最小二乘逼近解的误差函数

$$\chi(\tau)=1/\tau^{\alpha+1}-\sum_{i=1}^{s}\gamma_i e^{-\beta_i\tau} \qquad 5\leqslant\tau\leqslant 10\,000 \tag{6.14}$$

由图 6.1 给出。上述例子说明，在远离奇点的区域上，利用不同幂次的指数函数的线性组合来近似 $1/t^{\alpha+1}$，可以得到较精确的解。

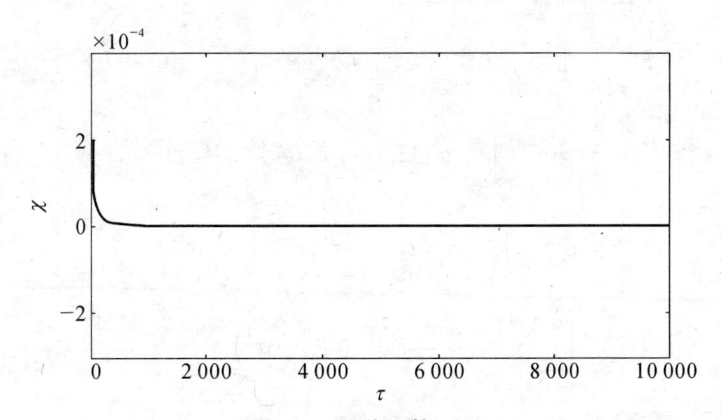

图 6.1 误差函数 χ(τ)

利用上述方法，在积分中，函数 $t^{-(\alpha+1)}$ $(t>5)$ 可以利用一组指数函数逼近。因此，积分(6.9)可以近似为

$$G(t_k,\ g_{ij}) = \frac{g_{ij}(t_{k-l})}{t_l^{\alpha}} - \frac{g_{ij}(0)}{t_k^{\alpha}} - \alpha\int_{t_l}^{t_k} \frac{g_{ij}(t_k - \tau)}{\tau^{\alpha+1}}\mathrm{d}\tau$$

$$\approx \frac{g_{ij}(t_{k-l})}{t_l^{\alpha}} - \frac{g_{ij}(0)}{t_k^{\alpha}} - \int_{t_l}^{t_k}\sum_{s=1}^{M}\gamma_i g_{ij}(t_k - \tau)\mathrm{e}^{-\beta_s(\tau - t_l)}\mathrm{d}\tau \tag{6.15}$$

(6.15)式的右端的积分项可以类似于第五章给出的递推方法计算。记

$$H_k^{ij} = \int_{t_l}^{t_k}\sum_{s=1}^{M}\gamma_i g_{ij}(t_k - \tau)\mathrm{e}^{-\beta_s(\tau - t_l)}\mathrm{d}\tau = \sum_{s=1}^{M}\gamma_i\int_{t_l}^{t_k} g_{ij}(t_k - \tau)\mathrm{e}^{-\beta_s(\tau - t_l)}\mathrm{d}\tau \tag{6.16}$$

记

$$H_{ks}^{ij} = \int_{t_l}^{t_k} g_{ij}(t_k - \tau)\mathrm{e}^{-\beta_s(\tau - t_l)}\mathrm{d}\tau \tag{6.17}$$

由于

$$\begin{aligned}
H_{ks}^{ij} &= \int_{t_l}^{t_k} g_{ij}[t_{k-1} - (\tau - h)]\mathrm{e}^{-\beta_s(\tau - h - t_l + h)}\mathrm{d}(\tau - h) \\
&\overset{\tau' = \tau - h}{=\!=} \mathrm{e}^{-\beta_s h}\int_{t_{l-1}}^{t_{k-1}} g_{ij}(t_{k-1} - \tau')\mathrm{e}^{-\beta_s(\tau' - K)}\mathrm{d}\tau' \\
&= \mathrm{e}^{-\beta_s h}\Big(\int_{t_l}^{t_{k-1}} g_{ij}(t_{k-1} - \tau')\mathrm{e}^{-\beta_s(\tau' - t_l)}\mathrm{d}\tau' + \\
&\qquad \int_{t_{l-1}}^{t_l} g_{ij}(t_{k-1} - \tau')\mathrm{e}^{-\beta_s(\tau' - t_l)}\mathrm{d}\tau'\Big) \\
&= \mathrm{e}^{-\beta_s h}\left(H_{k-1,\,s}^{ij} + \int_{t_{l-1}}^{t_l} g_{ij}(t_{k-1} - \tau)\mathrm{e}^{-\beta_s(\tau - t_l)}\mathrm{d}\tau\right)
\end{aligned} \tag{6.18}$$

引入加权梯形公式

$$\begin{aligned}
&\int_{t_{l-1}}^{t_l} g_{ij}(t_{k-1}-\tau)\mathrm{e}^{-\beta_s(\tau-t_l)}\mathrm{d}\tau \\
&=\mathrm{e}^{\beta_s t_l}\int_{t_{l-1}}^{t_l} g_{ij}(t_{k-1}-\tau)\mathrm{e}^{-\beta_s\tau}\mathrm{d}\tau \\
&\approx \mathrm{e}^{\beta_s t_l}\frac{g_{ij}(t_{k-l-1})+g_{ij}(t_{k-l})}{2}\int_{t_{l-1}}^{t_l}\mathrm{e}^{-\beta_s\tau}\mathrm{d}\tau \\
&=\frac{\mathrm{e}^{\beta_s h}-1}{2\beta_s}[g_{ij}(t_{k-l-1})+g_{ij}(t_{k-l})]
\end{aligned} \tag{6.19}$$

并代入(6.17)式得到递推关系式

$$H_{k,s}^{ij}=\mathrm{e}^{-\beta_s h}\left(H_{k-1,s}^{ij}+\frac{\mathrm{e}^{\beta_s h}-1}{2\beta_s}[g_{ij}(t_{k-l-1})+g_{ij}(t_{k-l})]\right) \tag{6.20}$$

记

$$\boldsymbol{\Gamma}=(\gamma_1\quad\gamma_2\quad\cdots\quad\gamma_M)^{\mathrm{T}},\ \boldsymbol{H}_k^{ij}=(H_{k,1}^{ij}\quad H_{k,2}^{ij}\quad\cdots\quad H_{k,M}^{ij})^{\mathrm{T}} \tag{6.21}$$

$$\boldsymbol{Q}=\left(\frac{\mathrm{e}^{\beta_1 h}-1}{2\beta_1}\quad\frac{\mathrm{e}^{\beta_2 h}-1}{2\beta_2}\quad\cdots\quad\frac{\mathrm{e}^{\beta_M h}-1}{2\beta_M}\right)^{\mathrm{T}} \tag{6.22}$$

$$\boldsymbol{\beta}=(\beta_1\quad\beta_2\quad\cdots\quad\beta_M)^{\mathrm{T}} \tag{6.23}$$

则(6.15)式的递推关系可表示为

$$\boldsymbol{H}_k^{ij}=\mathrm{diag}(\mathrm{e}^{-\beta h})(\boldsymbol{H}_{k-1}^{ij}+\boldsymbol{Q}[g_{ij}(t_{k-1}-K)+g_{ij}(t_k-K)]) \tag{6.24}$$

$$H_k^{ij}=\boldsymbol{\Gamma}^{\mathrm{T}}\boldsymbol{H}_k^{ij} \tag{6.25}$$

从而

$$\begin{aligned}
\mathrm{D}^{\alpha}(g_{ij})(t_k)&=\frac{1}{\Gamma(1-\alpha)}\left[\int_0^{t_k}\frac{g_{ij}'(t-\tau)}{\tau^{\alpha}}\mathrm{d}\tau+\frac{g_{ij}(0)}{t^{\alpha}}\right] \\
&=\frac{1}{\Gamma(1-\alpha)}\left[\frac{g_{ij}(0)}{t^{\alpha}}+\int_0^{lh}\frac{g_{ij}'(t-\tau)}{\tau^{\alpha}}\mathrm{d}\tau+\right.
\end{aligned}$$

$$\int_{lh}^{t_k} \frac{g_{ij}{}'(t-\tau)}{\tau^{\alpha}} \mathrm{d}\tau \Big] \tag{6.26}$$

$$\approx \frac{1}{\Gamma(1-\alpha)} \Big[\frac{g_{ij}(t_{k-l})}{t_l^{\alpha}} + \sum_{n=k-l}^{k-1} \frac{g_{ij}(t_{n+1}) - g_{ij}(t_n)}{1-\alpha}$$

$$\frac{t_{k-n}^{1-\alpha} - t_{k-n+1}^{1-\alpha}}{h} - \alpha \int_{t_l}^{t_k} \frac{g_{ij}(t-\tau)}{\tau^{\alpha+1}} \mathrm{d}\tau \Big] \tag{6.27}$$

$$\approx \frac{1}{\Gamma(1-\alpha)} \Big[\frac{g_{ij}(t_{k-l})}{t_l^{\alpha}} + \sum_{n=k-l}^{k-1} \frac{g_{ij}(t_{n+1}) - g_{ij}(t_n)}{1-\alpha}$$

$$\frac{t_{k-n}^{1-\alpha} - t_{k-n+1}^{1-\alpha}}{h} - \alpha \int_{t_l}^{t_k} \sum_{i=1}^{M} \gamma_i g_{ij}(t_k-\tau) \mathrm{e}^{-\beta_i(\tau-t_l)} \mathrm{d}\tau \Big] \tag{6.28}$$

$$\approx \frac{1}{\Gamma(1-\alpha)} \Big[\frac{g_{ij}(t_{k-l})}{t_l^{\alpha}} + \sum_{n=k-l}^{k-1} \frac{g_{ij}(t_{n+1}) - g_{ij}(t_n)}{1-\alpha}$$

$$\frac{t_{k-n}^{1-\alpha} - t_{k-n+1}^{1-\alpha}}{h} - \alpha \boldsymbol{\Gamma}^{\mathrm{T}} \boldsymbol{H}_{ij}^{k} \Big] \tag{6.29}$$

$$i,\ j = 1,\ 2,\ \cdots,\ m$$

上式的推导中,在导出(6.26)(6.27)(6.28)(6.29)各式时分别利用了式(6.5)(6.6)(6.8)(6.10)和(6.16)式的结果。

引入矩阵和张量符号

$$\boldsymbol{G}(t) = \begin{pmatrix} g_{11}(t) & g_{12}(t) & \cdots & g_{1m}(t) \\ g_{21}(t) & g_{22}(t) & \cdots & g_{2m}(t) \\ \vdots & \vdots & & \vdots \\ g_{m1}(t) & g_{m2}(t) & \cdots & g_{mm}(t) \end{pmatrix},\ \boldsymbol{\Gamma H}^{k} = \begin{bmatrix} \boldsymbol{\Gamma}^{\mathrm{T}}\boldsymbol{H}_k^{11} & \boldsymbol{\Gamma}^{\mathrm{T}}\boldsymbol{H}_k^{12} & \cdots & \boldsymbol{\Gamma}^{\mathrm{T}}\boldsymbol{H}_k^{1m} \\ \boldsymbol{\Gamma}^{\mathrm{T}}\boldsymbol{H}_k^{21} & \boldsymbol{\Gamma}^{\mathrm{T}}\boldsymbol{H}_k^{22} & \cdots & \boldsymbol{\Gamma}^{\mathrm{T}}\boldsymbol{H}_k^{2m} \\ \vdots & \vdots & & \vdots \\ \boldsymbol{\Gamma}^{\mathrm{T}}\boldsymbol{H}_k^{m1} & \boldsymbol{\Gamma}^{\mathrm{T}}\boldsymbol{H}_k^{m2} & \cdots & \boldsymbol{\Gamma}^{\mathrm{T}}\boldsymbol{H}_k^{mm} \end{bmatrix} \tag{6.30}$$

则上式可以写成下面的形式

$$\mathrm{D}^{\alpha}(\boldsymbol{G}(t_k))=\frac{1}{\Gamma(1-\alpha)}\left[\frac{\boldsymbol{G}(t_{k-l})}{t_l^{\alpha}}+\sum_{n=k-l}^{k-1}\frac{\boldsymbol{G}(t_{n+1})-\boldsymbol{G}(t_n)}{1-\alpha}\frac{t_{k-n}^{1-\alpha}-t_{k-n+1}^{1-\alpha}}{h}-\alpha\boldsymbol{\Gamma}\boldsymbol{H}^k\right] \tag{6.31}$$

$\boldsymbol{H}^k$ 的递推过程也可以表示为

$$\boldsymbol{H}^k=\mathrm{diag}(\mathrm{e}^{-\beta h})\otimes(\boldsymbol{H}^{k-1}+\boldsymbol{Q}\otimes[\boldsymbol{G}(t_{k-l-1})+\boldsymbol{G}(t_{k-l})]) \tag{6.32}$$

这里 $\boldsymbol{A}\otimes\boldsymbol{B}$ 表示 $\boldsymbol{A}$ 和 $\boldsymbol{B}$ 的张量积。

例 6.2 利用公式(6.31)和迭代方法(6.32)计算积分

$$\int_K^t \frac{g'(t-\tau)}{\tau^{\alpha}}\mathrm{d}\tau \tag{6.33}$$

在 $t_k=kh\quad(k=500, 101, \cdots, 100\,000)$ 的值。$\alpha=1/2$。设松弛函数 $g(t)=1/(t+1)$，$h=0.01$，$K=1$，$\boldsymbol{\beta}=(0.001\quad 0.01\quad 0.1\quad 0.3\quad 0.4)^{\mathrm{T}}$。迭代解和数值误差分别由图 5.4 和图 5.5 描述。大量的计算表明，在去掉零点附近的一个小区间以后，利用指数函数对分数导数逼近的整体效果是很好的。另外，分别利用复化 Simpson 积分公式计算形如(6.33)的近 100 000 个积分和和利用递推公式计算，计算量差别上千倍。

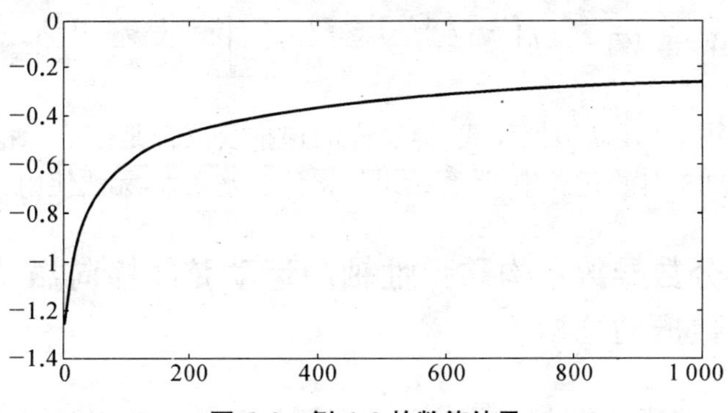

图 6.2　例 6.2 的数值结果

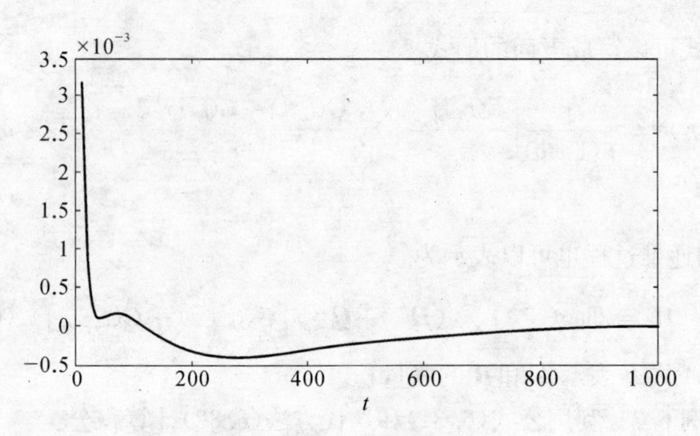

图 6.3　例 6.2 的截断误差

注：对于分数导数

$$\mathrm{D}^{\alpha}[f](t_k)=\frac{1}{\boldsymbol{\Gamma}(1-\alpha)}\int_0^{t_k}\frac{f(t_k-\tau)}{\tau^{\alpha}}\mathrm{d}\tau \tag{6.34}$$

也可以类似于第五章处理积分本构的思路，直接进行两时间步之间的递推。如设

$$W_k=\int_0^{t_k}\frac{f(t_k-\tau)}{\tau^{\alpha}}\mathrm{d}\tau$$

则对 $f(t_k-\tau)$ 利用 Taylor 展式得到

$$W_k=W_{k-1}+h\int_0^{t_{k-1}}\frac{f'(t_{k-1}-\tau)}{\tau^{\alpha}}\mathrm{d}\tau+\int_{t_{k-1}}^{t_k}\frac{f(t_k-\tau)}{\tau^{\alpha}}\mathrm{d}\tau。$$

或者利用 $\tau^{-\alpha}$ 建立递推公式，但这样的递推公式都是数值不稳定的，在长时间的计算过程中，计算结果的累计误差太大，无法使用。

6.3　分数导数本构黏弹性轴向运动弦线横向振动的参数振动分析

本节考虑分数导数本构关系的黏弹性轴向运动弦线的参数振动

分析。其中系统控制方程为方程(6.1),本构关系满足

$$\sigma(x,t)=E_0\varepsilon(x,t)+\eta D_t^{\alpha}[\varepsilon(x,t)] \tag{6.35}$$

对空间变量采用与第五章相同的离散方法,在有限元试探函数空间

$$\{\psi_i(x)\}_{i=1,2,\cdots,n}$$

中作试探函数的线性组合

$$u_h=\sum\varphi_i(t)\psi_i(x)$$

代入 Galerkin 变分方程组

$$\langle Lu_h,\psi_i\rangle=0,\quad i=1,2,\cdots,n$$

化为 n 阶非线性常微分/积分方程组。其中积分项为分数导数

$$D^{\alpha}[\varphi_i\varphi_j],\quad i,j=1,2,\cdots,n$$

利用等距节点的 6 级 5 阶 Runge - Kutta 方法求解上述常微分积分方程组,对在两个时间步之间的分数导数项利用本章建立的递推公式计算。

在本节的例子中,取步长 $h=0.01$。首先考虑 $\alpha=0.1$ 的情况。图 6.4 中,除了 α 和 γ_0 外方程的其他参数为

$$E=10,\quad \gamma_1=\omega=\omega_0=0,\quad \eta=0.1$$

图 6.4 的上图是 $\gamma_0=0.3$ 的情况。当 γ_0 小于 1 时,振动的波形是比较规则的,随着 γ_0 的增大,振动的频率减小。由于没有初始加速度,振幅大小基本保持不变。随着时间 t 的增加,非线性项的影响逐渐显现,波形出现周期性的不规则变化,但对振幅和频率的大小没有影响。图 6.4 的其他三个子图依次是 γ_0 等于 0.9, 1, 1.1 的情况,图形反映了在速度参数 γ_0 经过 1 时振动发生的突变。当 γ_0 接近 1 时,由

于非线性项的影响,在振动曲线上出现小的波纹。在 γ_0 等于1时,频率接近于0,振动曲线变得平稳平滑。但当 γ_0 略大于1时,由非线性影响产生的波纹突然变大,弦线呈不规则的振动,且波动频率随着时间 t 的增大而增加,形成不稳定的振动波形。

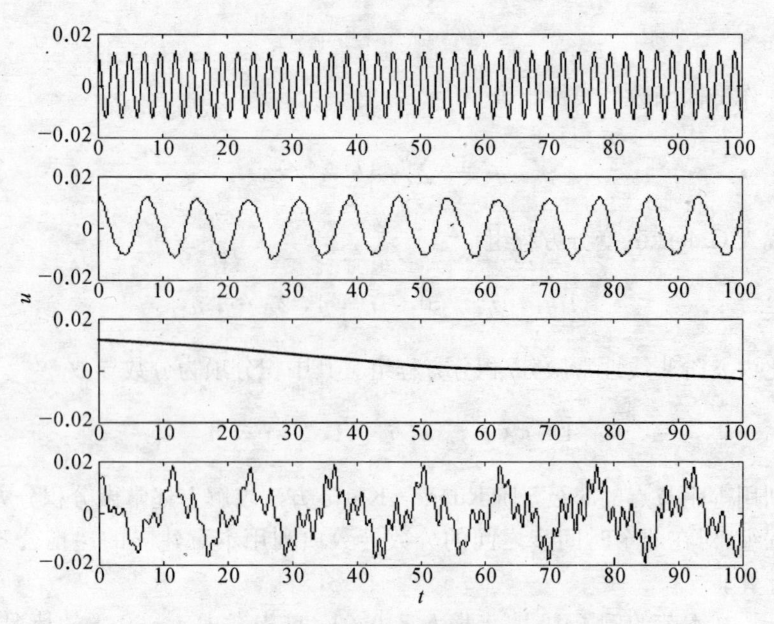

图6.4　速度参数对运动弦线横向振动的影响

$\gamma_0 = 0.3,\ 0.9,\ 1,\ 1.1,\ E = 10,\ \eta = 0.1,\ \alpha = 1/2$,其他为0

图6.5中 $E = 100$, $\eta = 100$,其他参数与图6.4相同,只是黏性系数 η 和弹性参数大大增大。由于非线性项的增大尤其是黏性系数 η 的增大,除了波峰出现明显的拍以外,波形也出现非周期性的变化。图6.5的上图是 $\gamma_0 = 0.3$ 的情况。可以清晰地观察到波形有规律的变化,像在周期波上加上一个行波。这一现象在后面三个子图中也可清晰地看出。图6.5的其他三个子图依次是 γ_0 等于0.9,1,1.1的情况。由于黏性项的阻滞作用,当 γ_0 略大于1时,振动没有出现像

图 6.4 那样振动变得突然剧烈和不稳定。在继续增大 γ_0 时，振动虽然表现的不规则，但振动的频率仍然相对平稳，这说明分数导数本构描述的黏弹性材料的弦线在轴向高速运动中有较好的振动稳定性。这一点在工程中也得到了实验的验证。

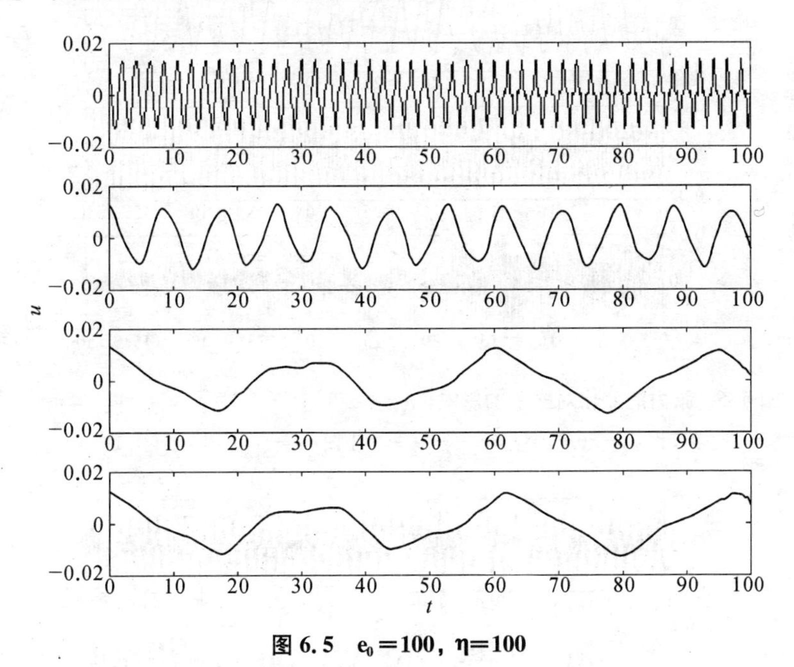

图 6.5 $e_0=100$, $\eta=100$

上图：$\gamma_0=0.3$，中上图：$\gamma_0=0.9$，中下图：$\gamma_0=1$，下图：$\gamma_0=1.1$

图 6.6 描述张力参数 v 的变化对振动的影响。V 是张力的周期变化部分的幅值 P_1 和固定取值部分 P_0 的比，它的大小反映了张力的非线性程度。图 6.6 中 v 对振动的影响与积分本构的问题相似，随着 v 的增大，运动弦线的振动频率增加，增加的速度比积分本构问题快。当 $k>1$ 时，振幅变的不平稳。

分数导数本构模型中的分数导数次数 α 的大小对振动曲线的影响的数值例子见图 6.8。当 α 很小时，振动曲线出现不稳定现象。随着 α 的增大，振动趋于平稳，逐渐接近微分本构的情况。

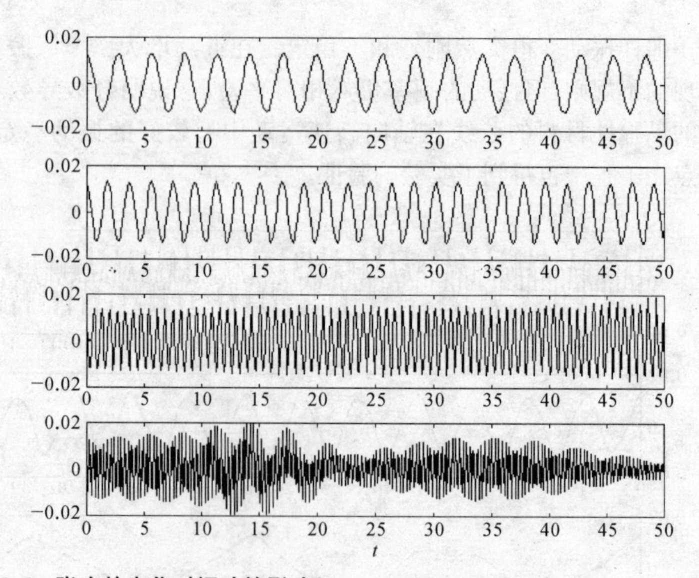

图 6.6　张力的变化对振动的影响($\gamma_0 = 0.6$, $e_0 = 10$, $\eta = 10$, $\omega_0 = \pi/6$)

上图：$v = 0.2$,中上图：$v = 0.9$,中下图：$v = 1$,下图：$v = 1.1$

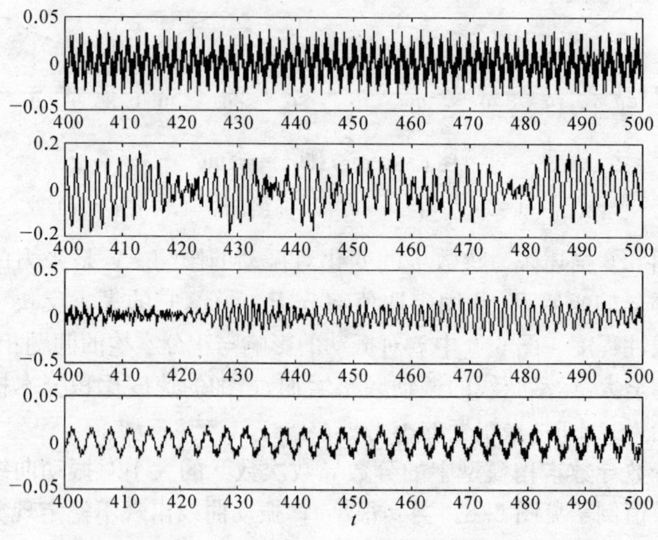

图 6.7　张力变化率大小对运动弦线横向振动的影响

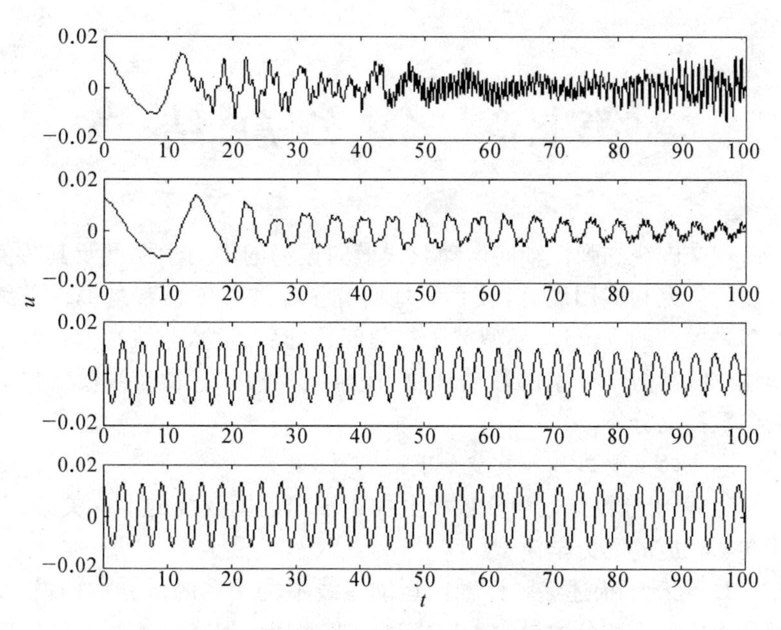

图 6.8　分数导数次数 α 对振动的影响

上图：$\alpha=0.1$，上中图：$\alpha=0.3$，下中图：$\alpha=0.7$，下图：$\alpha=0.99$

$\gamma_0=0.6$，$\gamma_1=0.1$，$e_0=10$，$\eta=200$，$\omega=0$，$\upsilon=0.1$，$\omega_0=0$

第七章 全文总结

本文围绕黏弹性轴向运动弦线横向振动的动力学模型及其数值方法的研究和应用展开,较系统地研究了非线性弹性和黏弹性弦线的多种模型的守恒量,模型关于初值问题的稳定性,非线性弹性和黏弹性弦线动力学模型的数值计算方法,以及轴向运动弦线横向振动的参数振动分析。

本文的主要工作和贡献如下:

1. 利用分数导数和分数积分描述轴向运动弦线的本构关系,并建立了相应的动力学模型。

2. 分析了描述黏弹性轴向运动弦线本构关系的微分本构模型,积分本构模型和分数导数本构模型的形式相似但实际上互相独立的本质。利用卷积的表示方法,把积分本构和分数导数本构模型统一表示,这样表示有利于统一的理论分析和算法设计。

3. 对非线性轴向运动弦线的 Kirchhoff 模型,弹性杆的 Kirchhoff 模型和 Mote 模型,建立了相关的守恒量。并利用这些守恒量证明了弹性本构低速非线性轴向运动弦线在静态平衡位置附近关于初始条件稳定。

4. 针对运动弦线系统,给出了 n 阶 Galerkin 截断的非线性项系数的计算公式和算法程序。算法利用对和式的重新组合,消去零系数和组合相同的系数,使得生成截断方程的计算工作量大大减少,且不需要手工生成。文中给出了生成高阶 Galerkin 方法的非线性常微分方程组系数的数值程序。利用本文给出的算法程序,可以方便地利用 50 阶以内的 Galerkin 方法。此时离散常微分方程组的非线性项系数共 50^4 个,手工生成是不可能的。

5. 利用本文给出的守恒量,给出了检验运动弦线数值计算精度的一种方法，并利用这种方法和高阶 Galerkin 方法的系数生成算法，分析了利用 Galerkin 方法研究运动弦线系统的数值精度。

6. 针对一般形式的微分本构运动弦线的运动方程，给出了半离散的数值计算方法。方法将运动方程和本构方程分别差分离散，得到较一般的计算公式，可以方便地处理各种微分本构模型。

7. 对黏弹性运动弦线微分本构标准模型，通过将位移 u 变量和应力变量 σ 的导数在不同的分数节点作中心差分离散，建立了交替迭代的数值计算方法。利用交替迭代的技巧，把非线性模型化为两个线性差分方法的交替使用过程，计算难度大大降低。方法截断误差阶为 2，且有较好的稳定性。

8. 本文利用数值分析的方法，对微分本构运动弦线的参数振动进行了分析。包括不同微分本构模型的差异，运动参数和材料参数对振动的影响等。

9. 研究了积分本构运动弦线系统的数值分析方法。利用有限元方法对运动弦线动力学模型的空间变量离散，得到大型稀疏的常微分/积分方程组。在求解这个方程组时，通过建立相邻两个时间节点上非线性项的积分张量之间的迭代关系，把每一步大量的积分运算化为简单的线性迭代过程，不但计算量大大减少，而且计算精度显著提高。很好地解决了进行长时间数值仿真的计算效率问题。与通用的数值积分法比较，利用这种递推方法进行数值仿真，计算量可以减少上千倍。

10. 本文分析了积分本构运动弦线系统的参数振动。由于计算复杂性问题得到了解决，使得长时间分析变的容易，故本文研究积分本构运动弦线系统的参数振动主要分析稳态弦线振动。文中利用数值分析的方法，通过对弦线长时间运动的参数振动实验，分析了低速运动弦线的参数对振动的影响和高速运动弦线的不稳定状态等。

11. 对于分数导数本构的运动弦线系统，由于积分项存在奇点，无法直接建立两个时间步之间积分张量的迭代关系。本文通过分解奇点，对积分核函数作最小二乘逼近的方法，把积分张量转化为可以直接迭代计算的形式，并建立了相应的迭代计算方法。利用上述数值方法，对分数导数本构的运动弦线系统的参数振动进行了分析。

今后将进一步研究的问题：

1. 关于轴向运动弦线和轴向运动杆，当 $\gamma > 1$ 时，其关于初值问题的稳定性与 E 和 v_f 的关系；

2. 第四章、第五章和第六章给出的黏弹性运动弦线模型的数值方法是否可以用于更复杂的模型如梁和板等；

3. 黏弹性轴向运动弦线的参数优化问题；

4. 本文利用文中给出的数值方法，得到了大量的轴向运动弦线的参数振动的数据并进行了参数振动分析。这些分析还是初步的。如何利用得到的方法和数据对具体的工程模型进行分析和研究是今后要深入研究的课题。

参 考 文 献

[1] Moon J and Wickert JA. Nonlinear vibration of power transmission belts[J], *Journal of Sound and Vibration*, 1997; **200**(4): 419～431

[2] Zhang L and Zu JW. Model analysis of serpentine belt drive systems[J]. *Journal of sound and vibration*. 1999; **222**: 259～279

[3] Zhang L, Zu JW and Hao Z. Complex modal analysis of nonself adjiont hybrid serpentine belt drive systems[J]. *ASME Journal of Vibration and Acoustics*. 2001; **123**: 150～156

[4] Majewski T. Audio signal modution caused by self-excited vibrations of magnetic tape[J], *Journal of Sound and Vibration*, 1986;**105**(1): 17～25

[5] Chen LQ, Zu JW and Wu J. Dynamic response of the parametrically excited axially moving string constituted by the Boltzmann superposition principle[J], *Acta Mechanica*, 2003; **162**: 143～155

[6] Lee Y. M. and Wickert J. A.. Width-Wise vibration of magnetic tape pack stresses[J], *Journal of Applied Mechanics*, 2002; **69**: 358～369

[7] Mote CDJr. Dynamic stability of axially moving materials [J], *The Shock and Vibration Digest*, 1972; **4**(4): 2～11

[8] Ulsoy AG, Mote CDJr and Szymani R. Principal developments in band saw vibration and atability research

[J]. *Holz als Tob und Eerkstoff*. 1996; **36**: 273～280

[9] Wickert JA and Mote CDJr. Current research on the vibration and stability of axially moving materials[J]. *The Skock and Vibration Digest*. 1988; **20**(5): 3～13

[10] Wang KW and Liu SP. On the noise and vibration of chain drive systems[J]. *The shock and vibration digest*. 1991; **23**(4): 8～13

[11] Abrate AS. Vibration of belts and belt drives [J], *Mechanism and Machine Theory*, 1992; **27**(6): 645～659

[12] 陈立群. Zu J. W.,轴向运动弦线的纵向振动与控制[J],力学进展,2001; **31**(4): 535～546

[13] Chen LQ. Analysis and control of transverse vibrations of axially moving strings [J]. *ASME Applied Mechanics Reviews*, 2004(accepted)

[14] Aiken J. An account of some experiments on rigidity produced by centrifugal force[J], *The London, Edinburgh, and Dublin Philosophical Magazine and Journal of Science*, 1878; **5**(29): 81～105

[15] Skutch R. Uber die Bewegung Eines Gespannten Fadens. Weigher Gezwungun ist. Durch Zwei Feste I punkte mit Einer Constanten Geschwindigkeit zu gehen und Zwischen denselben in Transversal Schwingugen von gerlinger Amplitude versetzi Wird[J], *Annalen der Physik und Chemie*. 1897; **61**: 190～195

[16] Mote CDJr. On the nonlinear oscillation of an axially moving string[J], *ASME Journal of Applied Mechanics*, 1966; **33**: 463～464

[17] Thurman AL and Mote CDJr. Free periodic nonlinear oscillation of an axially noving strip[J]. *ASME Journal of*

Applied Mechanics. 1969; **36**(1): 83～91

[18] Ames WF, Lee SY and Zaiser JN. Nonlinear vibration of a traveling threadline[J], *International Journal of Non-Linear Mechanics*, 1968; **3**: 449～469

[19] Ames WF, Lee SY and Vicario AAJr. Longitudinal wave propagation on a traveling threadline II[J], *International Journal of Non-Linear Mechanics*, 1970; **5**(3): 413～426

[20] Ames WF and Vicario AAJr. On the longitudinal wave propagation on a traveling threadline[J], *Developments in Mechanics*, 1969; **5**(3): 733～746

[21] Wickert JA and Mote CDJr. On the energetics of axially moving continua[J]. *The Journal of the Acoustical Society of America*. 1989; **84**(3): 1365～1368

[22] Wickert JA and Mote CDJr. Classical vibration analysis of axially moving continua[J]. ASME Journal of Applied Mechanics. 1990; **57**(3): 739～744

[23] Wickert JA and Mote CDJr . Traveling load response of an axially moving string[J]. *Journal of Sound and Vibration*. 1991; **149**(2): 267～284

[24] Zhu WD and Ni J. Energetics and stability of translating media with an arbitratrarity varying length[J]. *ASME Journal of Vibration and Acoustics*. 2000; **122**: 295～304

[25] Zu JW and Hou Z. Comparison of different viscoelastic models for nonlinear free vibrations of moving belts[J]. *Vibration and Control of Continuous Systems* (ASME DE vol .),2000; **107**: 55～61

[26] Zu JW, Jia HS and Zhong Z. Dynamic analysis of automotive serpentine belt drive systems with Coulomb friction. Preprint . 2002

[27] Zu JW and Zhang L. Modal analysis in coupled vibration of serpentine belt drive system[J]. *Dynamics, Acoustics and Simulations*. (ASME DE vol. 108 and DSC vol. 68) 2000: 177~183

[28] Zu JW and Zhang L. Two-to-one internal resonance in serpentine belt drive systems[J]. *International Journal of Nonlinear Science and Numerical Simulations*. 2000; **1**(3): 187~198

[29] Chen LQ and Zu JW. Parametric resonance of axially moving string with an integral constitutive law [J], *International Journal of Nonlinear Science and Numerical Simulations*, 2003; **4**(2): 169~177

[30] Chen LQ, Zu JW. Energetics and conserved functional of moving materials undergoing transverse nonlinear vibration, *ASME Journal of Vibration and Acoustics*, 2004 (JVA 03018)

[31] Chen LQ, Zu, JW, Wu J., et al. Transverse Vibrations of an axially accelerating viscoelastic string with geometric nonlinearity[J], Journal of Engineering Mathematics, 2004; 48: 171~182

[32] Chen LQ, Zu, JW, Wu J. Principal resonance in transverse nonlinear parametric vibration of an axially accelerating viscoelastic string[J]. *Acta Mechanica Sinica*

[33] Zhang L and Zu JW. Nonlinear vibrations of viscoelastic moving belts Part1: free vibration analysis[J], *Journal of Sound and Vibration*, 1998; **216**(1): 75~91

[34] Zhang L and Zu JW. Nonlinear vibrations of viscoelastic moving belts Part2: forced vibration analysis[J], *Journal of sound and vibration*. 1998; **216**(1): 93~103

[35] Zhang L, Zu JW and Zhong Z. Transient response for viscoelastic moving belts using block-by-block method[J]. *International Journal of Structural Stability and Dynamics*. 2002; **2**(2): 265～280

[36] Hou Z and Zu JW. Parametric vibration of viscoelastic moving belts using standard linear solid model [C], In: *ASME* 18th *Bieannial Conference on Mechanical Vibration and Noise*, Sept. 9～12, Pittsburgh, 2001

[37] Hou Z and Zu JW. Nonlinear free oscillations of moving belts with standard viscoelastic model[J], *Mechanism and Machine Theory*, 2002; **37**(9): 925～940

[38] Fung RF, Huang JS and Chen YC. The transient amplitude of the viscoelastic travelling string: an integral constitutive law[J], *Journal of Sound and Vibration*, 1997; **201**(2): 153～167

[39] Parker PG. Supereritical speed stability of the trivial equilibrium of an axially moving string on an elastic foundation[J]. *Journal of Sound and Vibration*. 1999; **221**(2): 205～219

[40] Wickert JA. Response solutions for the vibration of a traveling string on an elastic foundation[J]. *ASME Journal of Sound and Vibration*. 1994; **116**(1): 137～139

[41] Cheng SP and PerkinsNC. The vibration and stability of a friction-guided translating string[J], *Journal of Sound and Vibration*, 1991; **144**(2): 281～292

[42] Huang FY and Mote CDJr. On the translating damping caused by a thin viscous fluid layer between a translating string and translating rigid surface[J], *Journal of Sound and Vibration*, 1995; **181**(2): 251～260

[43] Chang G., and Zu J. W.. Nonstick and Stick-slip motion of a coulomb-damped belt drive system subjected to multifrequency excitations [J], *Journal of Applied Mechanics*, 2003; **70**: 871～884

[44] Zhang L and Zu JW. One-to-one auto parametric resonance in serpentine belt drive system[J]. *Journal of sound and vibration*. 2000; **232**(4): 783～806

[45] Naguleswaran S and Williams CJH. Lateral vibration of band-saw, pulley belts and the like [J], *International Journal of Mechanical Science*, 1968; **10**: 239～250

[46] Lee KY and Renshaw AA. Solution of moving mass problem using complex eigenfunction expansions[J], *ASME Journal of Applied Mechanics*, 2000; **67**(6): 823～827

[47] Mochensturm EM, Perkins NC and Ulsoy AG. Stability and limit cycles of parametrically excited, axially moving strings[J]. *ASME Journal of Vibration and Acoustics*, 1996; **116**(3): 346～351

[48] Alaggio R. and Rega G.. Exploiting results of experimental nonlinear dynamics for reduced order modeling of a suspended cable, ASME 18th Biannual Conference on Mechanical Vibration and Noise, Sept. 9～12, 2001, Pittsburgh

[49] Chen LQ, Zhao WJ and Zu JW. Simulations of transverse vibrations of an axially moving string: a modified difference approach[J], *Applied Mathematics and Computation*, 2004(accepted)

[50] Pakdemirli M Ulsoy AG and Ceranoglu A l Transverse vibration of an axially accelerating string[J]. *Journal of Sound and Vibration*. 1994; **169**(2): 179～196

[51] Mote CDJr and Thurman AL. Oscillation modes of an

axially moving material[J], *ASME Journal of Applied Mechanics*, 1971; **38**: 279～280

[52] Bhat RB, Xistris GD and Sankar TS. Dynamic behavior of a moving belt supported on an elastic foundation[J]. *ASME Journal of Mechanical Design*, 1982; **104**(1): 143～147

[53] Yao CM, Fung RI and Tseng CR. Nonlinear vibration analysis of a traveling string with time dependent length by new hybrid Laplace transform finite element method[J]. *Journal of Sound and vibration*. 1992; **219**(2): 323～337

[54] Huang JS, Fung RF and Lin CH. Dynamic stability of a moving string undergoing three-dimensional vibration[J], *International Journal of Mechanical Science*, 1995; **37**(2): 145～160

[55] Leung AYT. Comment on "Non-linear vibration analysis of a traveling string with time-dependent length by new hybrid Laplace transform/finite element method[J], *Journal of Sound and Vibration*, 2000; **235**(5): 877～878

[56] Leamy M. J. and Wasfy T. M.. Transient and steady-state dynamic finite element modeling of belt-drives[J], *Journal of Dynamic Systems, Measurement and Control*, 2002; **124**: 575～581

[57] Brenan KE., Campbell SL., and Petzold LR.. Numerical Solution of Initial Value Problems in Differential-Algebraic Equations[M], SIAM Philadelphia, second edition 1996

[58] Euelund M., Mahler L., Runesson K., et al. Formulation and integration of the standard linear viscoelastic solid with fractional order rate laws[J], *Int. J. Solids Struct.*, 1999; **36**: 1417～1442

[59] 郭本喻.偏微分方程的差分方法,纯粹数学与应用数学专著

第17号,北京:科学出版社,1988

[60] Chen LQ, Zhao WJ. A numerical method for simulating transverse vibrations of axially moving strings[J], *Applied Mathematics and Computation*, 2004(accepted)

[61] Zhao WJ and Chen LQ. A numerical algorithm for nonlinear parametric vibration analysis of a viscoelastic moving belt [J]. *International Journal of Nonlinear Science and Numerical Simulations*. 2002; **3**(2): 139～144

[62] Zhao WJ and Chen LQ . Numerical simulations of nonlinear oscillations of an axially accelerating viscolelastic strings [C]. In: Chien WZ ed. , Proceedings of the 4th International Conference on Nonlinear mechanics, shanghai Univ Press, 2002: 1114～1116

[63] Qu Z. An iterative learning algorithm for boundary control of a stretched moving string[J]. *Automatica*. 2002; **38**: 821～827

[64] Chung J and Hulbert GM. A time integration algorithm for structural dynamics with improved numerical dissipation: the generalized-α method [J], *Journal of Applied Mechanics*, 1993; **60**: 371～375

[65] Archibald FR and Emslie AG. The vibration of a string having a uniform motion along its length [J], *ASME Journal of Applied Mechanics*, 1958; **25**(3): 347～348

[66] Swope Rd and Amed WF. Vibrations of a moving threadline [J]. *Journal of the Franklin Institute: Engineering and Applied Mathematic*. 1963; **275**(1): 36～55

[67] Mahalingam S. Transverse vibrations of power transmission chains[J], *British Journal of Applied Physics*, 1957; **8**: 145～148

[68] Mote CDJr. Parametric excitation of an axially moving string[J], *ASME Journal of Applied Mechanics*, 1968; **35**(1): 171~172

[69] Rhoded JE. Parameric self-excitation of a belt into transverse vibration [J], *ASME Journal of Applied Mechanics*. 1970; **37**(4): 1055~1060

[70] Ariartnam ST and Asokanthan SF, Dynamic stability of chain drives [J], *ASME Journal of Mechanisms, Transmissions, and Automation in Design*, 1987; **109**(3): 412~418

[71] Miranker WL. The wave equation in a medium in motion [J], *IBM Journal of Research and Development*, 1960; **4**(1): 36~42

[72] Mote CDJr. Stability of systems transporting accelerating axially moving materials[J], *ASME Journal of Dynamic Systems, Measurement, and Control*, 1975; **97**: 96~98

[73] Pakdemirli M and Ulsoy AG. Stability analysis of an axially accelerating string[J]. *Journal of Sound and Vibration*. 1997; **203**(5): 815~832

[74] Oz HR, Pakdemirli M and Ozkaya E. Transition behaviour from string to beam for an axially accelerating material[J], *Journal of Sound and Vibration*, 1998; **215**(3): 571~576

[75] Wickert JA. Transient Vibration of gyroscopic systems with unsteady superposed motion[J]. *Journal of Sound and Vibration*. 1996; **195**(5): 797~807

[76] Ozkaya E and Pakdenirli M. Lie group theory and analytical solutions for the axially accelerating string problem[J], *Journal of Sound and Vibration*, 2000; **230**(4): 729~742

[77] Fung RF and Wu SL. Dynamic stability of a three-

dimensional string subjected to both magnetic and tensioned excitations[J], *Journal of Sound and Vibration*, 1997; **204**(1): 171~179

[78] Pellican F, Vestronl F and Fregolent A. Experimental and theoretical analysis of a power transmission belt[J]. In Vibration and Control of Continuous systems. *ASME DE* 2000; **107**: 71~78

[79] Zhang L and Zu JW. Nonlinear vibrations of parametrically excited moving belts, Part1: dynamic response[J]. ASME Journal of Applied Mechanics. 1999; **66**(2): 396~402

[80] Zhang L and Zu JW. Nonlinear vibrations of parametrically excited moving belts, Part2: stability analysis[J]. ASME Journal of Applied Mechanics. 1999; **2**: 403~409

[81] Wu J and Chen LQ. The multi-scale analysis of nonlinear oscillations of an axially traveling viscoelastic string[C]. In: Chien WZ ed., *Proceedings of the 4th International Conference in NInlinear Mechanics*, Shanghai Univ press, 2002: 1187~1190

[82] Wu J and Chen LQ. Steady state responses and their stability of nonlinear vibration of an axially accelerating string [J]. *Applied Mathematics and Mechanics*. Accepted 2003

[83] Hwang SJ, Perkins NC, Ulsoy AG et al. Rotational response and slip prediction of serpentine belt drive systems [J], *ASME Journal of Vibration and Acoustics*, 1994; **116**(1): 71~78

[84] Beikmann RS, Perkins NC and Ulsoy AG. Free vibration of serpentine belt drive systems [J], *ASME Journal of Vibration and Acoustics*, 1996; **118**(3): 406~413

[85] Roos JP Schweigman C and Timman R. Mathematical formaulation of the laws of conservation of mass and energy and the equation of motion for a moving thread[J]. *Journal of Engraining Mathematics*. 1973; **7**(2): 139～146

[86] Lee SY and Mote CDJr. A generalized treatment of the energetics of translating continua, part 1: strings and second order tensioned pipes[J]. *Journal of Sound and Vibration*, 1997; **204**(5): 717～734

[87] Lee SY and Mote CDJr. Traveling wave dynamics in a translating string coupled to stationary constraints: energy transfer and mode localization[J]. *Journal of Sound and Vibration*, 1998; **212**(1): 1～22

[88] Renshaw AA. Rahn CD Wickert JA and Mote CDJr. Energy and conserved functional for axially moving materials[J]. *ASME Journal of Vibration and Acoustics*. 1998; **120**(2): 634～636

[89] 陈立群. 轴向运动弦线横向非线性振动的能量和守恒 [J],振动与冲击,2002;**21**(2): 81～82

[90] Fung R. F. and Chang H. C.. Dynamic and energetic analyses of a string/slider non-linear coupling system by variable grid finite difference[J], *Journal of Sound and Vibration*, 2001; **239**(3): 505～514

[91] Leaderman H.. Large longitudinal retarded elastic deformation of rubberlibe network polymers[J], *Trans. Soc. Rheol.*, 1962; **6**: 361～382

[92] 杨挺青. 非线性黏弹性理论中的单积分型本构关系[J],力学进展,1988;18(1): 52～60

[93] Adolfsson K., Enelund M.. Fractional derivative viscoelasticity at large deformations [J], *Nonlinear*

Dynamics, 2003; **33**: 301~321

[94] Agrawal O. P.. Solution for a fractional diffusion wave equation defined in a bounded domain [J], *Nonlinear Dynamics*, 2002; **29**: 145~155

[95] Samko S. G., Kilbas A. A., Marichev O. L.. Fractional integrals and derivatives: Theory and application [M], *Gordon and Breach Science Publishers*, 1993

[96] Gemant A.. On fractional differences [J], *Phil. Mag.*, 1938; **25**: 92~96

[97] Rabotnov J. N.. Papernik L. Kh, Zvonov E. N., Tables of the fractional exponential function of negative parameters and its integral[M], *Moscow*, *Nauka*, 1969

[98] Rabotnov J. N.. Element of Hereditary solids [M], *Mir Publishers*, 1980

[99] 李根国.具有分数导数型本构关系的黏弹性结构的静动力学行为分析[博士论文],上海大学,2001

[100] 陆振球.经典和现代数学物理方程[M].上海:上海科学技术出版社,1990

[101] Pakdemirli M and Boyaci H. Comparison of direct-perturbation methods with discretization perturbation methods for nonlinear vibrations[J], *Journal of sound and vibration*. 1995; **186**(5): 837~845

[102] Kirchhoff G.. Vorlesungen ueber Mathematische Physik: Mechanik[M], Druck und Verlag von B. G. Teubner, Leipzig ,1877

[103] Chen LQ. An energy-like conserved quantity of a nonlinear nonconservative continuous system [J]. *Chinese Science Bulletin*,2004;49(10)

[104] Jones DI. Handbook of Viscoelastic Vibration Damping

[M], Wiley, New York, 2001

[105] 罗振东. 有限元混合法理论及其应用[M]. 济南：山东教育出版社，1996

[106] 汤怀民. 胡健伟. 微分方程数值方法[M]. 天津：南开大学出版社，1990

[107] Chen LQ, Zhao WJ and Zu JW. Transient responses of an axially accelerating viscoelastic string constituted by a fractional differentiation law[J], *Journal of Sound and Vibration*, 2004(accepted)

[108] Zhao WJ, Chen LQ. Transient response of a viscoelastic axially moving string with power constitutive model[C]. Symposium on Dynamics and Control of Time-Varying and Time-Delay Systems and Structures, The 19th ASME Biennial Conference on Mechanical Vibration and Noise, September 2－6, Chicago, IL, USA, 2003

[109] Ross B.. A brief history and exposition of the fundamental theory of fractional calculus, Lecture notes in Math. [M], Springer-Verlay, New York, Vol. **457**, 1975

[110] Rossikhin Y. A., Shitikova M. V.. Applications of fractional calculus to dynamic problems of linear and nonlinear hereditary mechanics of solid[J], *Appl. Mech. Rev.*, 1997; **50**(1): 15～67

[111] Enelund M, and Olsson P.. Damping described by fading memory—analysis and application to fractional derivative models[J], *Int. J. Solids Struct.*, 1999; **36**(7): 939～970

[112] Enelund M, Mahler L., Runesson K., et al. Formulation and integration of the standard linear viscoelastic solid with fractional order rate laws[J], *Int. J. Solids Struct.*, 1999; **36**: 1417～1442

[113] Diethelm K., Neville J., and Aland F.. A predictor-Corrector approach for the numerical solution of fractional differential equations[J], *Nonlinear Dynamics*, 2002; **29**: 3～22

[114] Zhao WJ and Chen LQ. Interactive techniques for simulating transverse vibration of axially moving voscoelastic strings with integral constitutive [J]. (Submitted) 2004

[115] Hopkins I. L., Hamming R. W., *J. Appl. Phys.* [J], 1958; **29**

附录 攻读博士学位期间发表和完成的论文

[1] Wei-Jia Zhao, Li-Qun Chen. A numerical algorithm for non-linear parametric vibration analysis of a viscoelastic moving belt. ***International Journal of Nonlinear Science and Numerical Simulation***, 2002, 3(2): 139～144 (SCI 557TT)

[2] Wei-Jia Zhao, Li-Qun Chen. Numerical Simulation of Non-Linear Oscilations of an Axially Accelerating Viscoelastic String, ***Proceedings of the 4th International Conference on Nonlinear Mechanics*** (Chien W.-Z. ed., Shanghai Univ. Press, 2002), 1114～1116(ISTP BV45U)

[3] 赵维加,陈立群. 轴向加速度运动弦线横向振动的数值仿真方法,*力学学报*,2002,34(s): 151～154

[4] Wei-Jia Zhao, Li-Qun Chen. Transient response of a viscoelastic axially moving string with power constitutive model. Symposium on Dynamics and Control of Time-Varying and Time-Delay Systems and Structures, ***The 19th ASME Biennial Conference on Mechanical Vibration and Noise***, September 2-6, 2003, Chicago, IL, USA

[5] Li-Qun Chen, Wei-Jia Zhao, Jean W. Zu. Transient responses of an axially accelerating viscoelastic string constituted by a fractional differentiation law. ***Journal of Sound and Vibration***, accepted (YJSVI 6396)

[6] Li-Qun Chen, Zhao Wei-Jia. A numerical method for simulating transverse vibrations of axially moving strings.

Applied Mathematics and Computation, accepted (AMC 8626)

[7] Li-Qun Chen, Zhao Wei-Jia. A computation method for nonlinear vibration of axially accelerating viscoelstic strings. ***Applied Mathematics and Computation***, accepted (AMC 8768)

[8] Zhao Wei-Jia, Chen Li-Qun. Transverse stability of axially moving nonlinear strings and beams, ***Applied Mathematics and Mechanics***, recommended by a standing member of its Editorial Committee

[9] Wei-Jia Zhao, Li-Qun Chen. Iterative techniques for simulating transverse vibration of axially moving viscoelastic strings with integral constitutive laws. Submitted

[10] Wei-Jia Zhao, Li-Qun Chen. A numerical approach to parametric vibrations of viscoelastic moving strings constituted by an integral law, submitted

[11] Li-Qun Chen, Wei-Jia Zhao. The energetics and the stability of axially moving Kirchhoff strings, submitted

[12] Li-Qun Chen, Wei-Jia Zhao. On Galerkin's discretization of axially moving nonlinear strings. submitted

致　　谢

在我的博士论文完成之际，我首先要感谢我的导师陈立群教授。三年中，他对我的学习和研究课题作了精心的安排和悉心的指导，生活上也给予了热情的关照。他渊博的学识、严谨的学风和严格的要求使我受益匪浅，他不断进取的精神也将长久地激励和影响着我。

在我攻读博士学位的三年中，得到上海交通大学教授刘延柱先生的关心和指导。我在此向他表示衷心的感谢。

青岛大学潘振宽教授在我攻读博士学位期间给我提供了很大的帮助，在学业上也给了许多有益的建议和指导，在此深表谢意。

上海大学上海市应用数学和力学研究所郭兴明教授在我攻读博士学位期间给予了宝贵的指导和帮助。他启发性的分析对我的学习和研究有重要的影响。在此表示感谢。

我的开题报告得到上海大学上海市应用数学和力学研究所郭兴明教授、戴世强教授、张俊谦教授和力学系罗仁安教授的指教，谨致谢意。

我攻读博士期间得到青岛大学理工学院和数学系的领导的关心和帮助，在此表示感谢。

我要感谢本课题组戈新生、傅景礼、薛纭、张伟、杨晓东，他们在生活和学习中给了我真诚的关心和帮助，在学术讨论中给了我灵感和启迪，也在朝夕相处中给我留下美好的感受。

我还要感谢我的妻子和孩子。感谢他们对我的理解和支持。

另外，我博士论文的工作得到了国家自然科学基金项目(NO.10172056)的资助，特此鸣谢。